夕陽に赤い町中華

歡迎光臨「町中華」

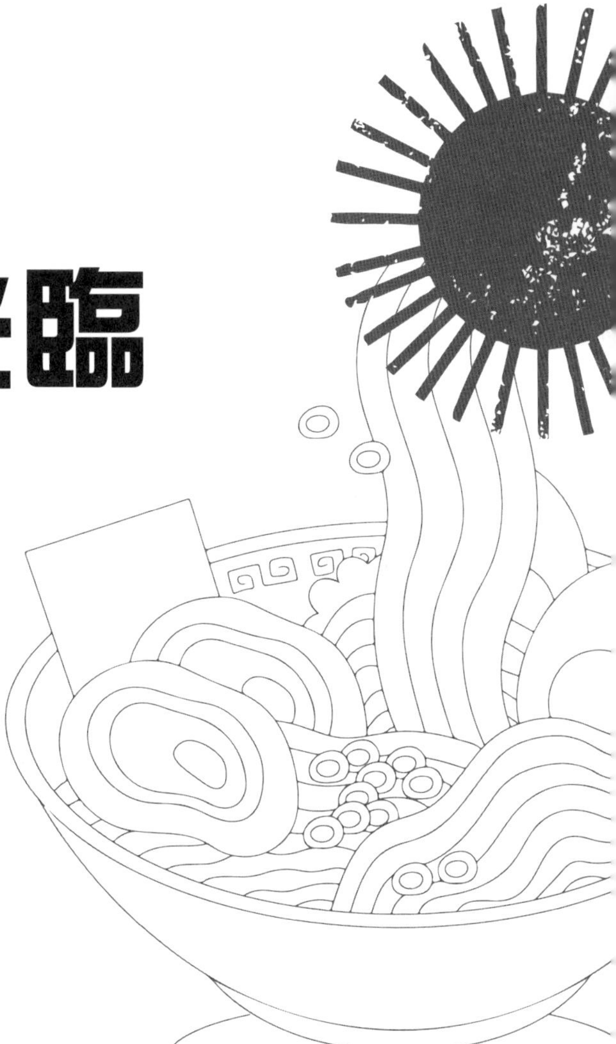

北尾杜呂（トロ） 著

林詠純 譯

目次

前言

一期一會的邂逅

散步途中映入眼簾的招牌上，強而有力地以大紅色字體寫著「中華料理」。我忍不住停下來，退後兩、三步，端詳店家的外觀。

這是典型的自家經營小店，一樓是店面，二樓是住家。二樓的陽台曬著棉被，整體而言給人年代久遠的感覺，應該開了四十到五十年吧？但建築並沒有那種年代氣勢，就只是老舊而已。

暖簾的邊緣有點綻開，應該不是保養不當，而是因為顧客經年累月出入都會稍微碰到，導致布邊損傷。邊緣綻開的暖簾，就像長年受到顧客喜愛的證明。

入口周圍有「今日午餐」、「本店提供定食！」的手寫菜單。菜單使用黃色紙張，以黑色與紅色的麥克筆書寫。定食價格約八百日圓，屬於標準定價。半炒飯拉麵（拉麵加半份炒飯）、餃子定食、麻婆豆腐定食、韭菜炒豬肝定食、回鍋肉定食等經典定食一應俱全，由此可以窺見店家不標新立異的經營方針。入口前隨意排列的盆栽似乎才剛澆完水，在夕陽反射下閃閃發光。

這家店似乎不錯。如果問我餓不餓，答案絕對是否定的，但與町中華的邂逅是一期一會。要是錯過今天，我就不知道什麼時候還會來到這裡，若半年之後再來，這家店說不定就停業了。

町中華探險隊，成立！

有愈來愈多的報紙、雜誌、電視節目報導「町中華」。町中華是那種在任一街區都存在一、兩間的大眾中華料理店，沒人在意這類餐廳到底該怎麼叫，長久以來都被隨意冠以拉麵店、中華店、定食店等稱呼。町中華就是這種隨處可見的小店，連分類都沒必要。

二〇一三年底，我與作家朋友下關鮪魚一起走在高圓寺街上。當我發現學生時期就光顧的中華料理店「大陸」已經倒閉時，自言自語道：「像那樣的町中華也逐漸消失了啊。」我隨口說出的「町中華」，也只是不知道從哪聽來的稱呼。鮪魚聽到之後的反應卻很激動，他不斷追問我是「町中華」還是「街中華」，[1]如果是「街」，感覺有點太氣派了，所以我回答「應該是『町』吧」。

話題就此結束也不足為奇，但站在中華料理店前面，開口說出「町中華」，卻覺得莫名對味。而且就像前面說過的，我感慨街區的中華料理店愈來愈少，鮪魚也有同樣的感覺。最後我們決定就一邊到處品嘗，一邊調查町中華現在演變成什麼狀況吧！當時我們半開玩笑地取名「町中華探險隊」，活動有些玩票性質，不過就是在中華料理店吃吃喝喝而已，但我把這個活動告訴別人之後，其他人卻覺得很有趣，隊員也逐漸增加，最後不僅在雜誌上開了專欄連載，我們五十多歲的探險隊三人組還寫了《町中華到底是什麼？跟著我們一起去吃昭和味吧！》（與下關鮪魚、龍超合著）這本書。不過，我們至今都沒有調查完畢的感覺，探險依然持續進行。

町中華或許是逐漸消逝的飲食文化，所以我們就趁現在到處品嘗，並且記錄下來。當初開始探險的動機如此單純，但行動之後才發現異常深奧。這種飲食文化牢牢支撐著昭和貪吃鬼餓扁的肚子，就像一個寶箱，愈深入挖掘，就冒出愈多興趣與疑問。

1 譯註：在日文當中「町」與「街」同音。

就這樣，町中華探險隊腳踏實地的活動獲得認可，「町中華」之名迅速普及……當然不可能。因為這不過是我們偶然發現、恰到好處的稱呼罷了。

四十歲以上的男子，年輕時多半受過町中華的照顧。至年輕世代或許不熟悉，但應該都知道町中華的存在，偶爾也會走進去吧？不過，就像前面說的，人們對這類小吃店的稱呼方式五花八門，也沒想該叫什麼比較恰當，畢竟多數人只要知道家裡、學校或是公司附近的那幾間店能填飽肚子就夠了。

只要方便、能在短時間內上菜、一千日圓內可以吃飽就行。許多人光顧了好幾年卻還不知道店名，很多時候乾脆就叫它「街角那家店」。這樣就能解決一餐，或許就是「町中華」這類店家融入日常生活的象徵。

我認為，那些知道「町中華」之稱的人，或許就是在這種情況下把這三個字當成一種類別，或者單純只是指稱在街區的中華料理店。要說町中華探險隊有什麼功勞，也不在於推廣「町中華」這個名稱，應該是讓大眾把無意間吃過的料理或店家，當成一種類別來認識。

我無法掌握町中華正確的數量。即使有中華料理店工會，多數店家也沒有加入，所以工會名單推估也不準確。唯一可供參考的資料是，在東京都足立區「第二屆足立人氣店家精選」（二〇一九年）當中，把街區的中華料理店設定成一個獨立主題。他們向一般民眾徵求推薦的店家，結果竟然募集到兩百二十九間。假設裡面有三成是正統中華料理店與拉麵專賣店，也還有一百六十家是街區中華料理店。

簡單計算一下，東京二十三區就有三千六百八十家街區中華料理店，加上二十三區以外的店家，整個東京都內有五千家也不足為奇。那麼，全國街區中華料理店的數量應該以萬為單位計算吧？這些悄然融入街區的低調店家，吸引了過去無緣光顧的人注意，或是被逐漸淡忘的人回想起來，成了「町中華」深植人心的原動力。

然而，我也擔心，町中華受到矚目固然是好事，可若只是掀起一波暫時性消費熱潮，我就覺得坐立難安。町中華的滋味令人懷念，各具特色的料理讓人能夠飽餐一頓，懷舊昭和氣氛也很令人感到新鮮。即使大家以這樣的方式享受著，町中華依然面臨緩緩走向衰退的命運。

會這麼說是因為，很多町中華店家其實都停止營業了，只是原本為數眾多，而不容易發現。停業的主要理由是老闆超高齡化，以及沒有繼承人。很多停業案例與其說是找不到繼承人，不如說是老闆不願意給人繼承。

我認為在二〇二〇年的東京奧運之後，町中華將面臨存亡危機，所以我原本打算以東京奧運為界，在奧運前的這段期間繼續探險，奧運後則將調查的結果做個整理。但現在我的想法改變了，因為發生過好幾次不久前才去過的店家，下次再去時就已無預警地關店，所以我覺得之後再整理就太遲了，必須趁現在！如果不趁著店家目前仍然活力十足的時候寫，日後說不定就成了只能沉浸在往日情懷中的文章。

紅色是町中華的象徵色，經常用在暖簾與招牌。現在，在夕陽的渲染下變得更加鮮豔，綻放最後的餘暉。

為什麼太美味反而困擾

接著再回到剛才那家店。暖簾、手寫菜單、盆栽，隨後看到的是擺著料理樣品的玻璃櫥窗。拉麵、炒飯、叉燒麵，還有炸豬排丼混在裡面，這點又更加分。而且老闆應該時常不經意地打掃這個玻璃櫥窗吧？那些料理樣品上，並沒有灰塵堆積。

另一個不能錯過的關注點是這家店有安裝外賣機的摩托車，理所當然是一台本田小狼。只要店門口有這傢伙，町中華的氣氛就一下子就濃厚許多。這裡是住宅區，會訂餐的想必是住附近的普通家庭吧？

而且只要側耳傾聽，就能微微聽見店內傳出來的炒菜聲。完美！我想走進店裡看看老闆長什麼樣子、想觀察必定能看得一清二楚的廚房、想確認椅子坐起來舒不舒服。桌子應該貼著紅色裝飾板吧？不，還是白色？菜色有多豐富呢？菜單是不是黏貼在牆上？分量是大還是普通？除了炸豬排丼之外，是不是還有蛋包飯與咖哩飯等既稱不上是中華、也難以歸類的料理？

所有問題的答案，走進店裡就能揭曉。我下定決心推開門。

「歡迎光臨！」

迎接我的是掌廚老爹沙啞的聲音。我坐在櫃檯前，點了半炒飯拉麵。嗯，這個空間就和我想的一樣令人自在。店內角落上方慣例般擺著電視，正在播放傍晚的新聞。

我占好能夠觀察老爹大顯身手的位子，也大致掌握了店裡的氣氛。這家店除了中華料理之外，也供應其他餐點，下酒小菜也一應俱全，從這樣的菜單可以推測，這是一家受到常客支持的社區型店家。

最後一道關卡是口味。我希望這家店吃起來沒有特別的感想，就是普通的好吃而已。餐點美味固然令人開心，這點無庸置疑。但我覺得對町中華而言，口味不是一切，長年獲得在地居民的喜愛才是最重要的關鍵。不管味道再好，如果店裡的氣氛不舒服，居民也不會常來吧？這麼一想，比起特別突出的美味，常常來也吃不膩的口味才是優先事項。

偶然經過的我，也希望這家店最好不要太過美味。畢竟如果好吃到驚人，就會想要品嘗更多道菜色，也會想要約朋友來。兩次應該不夠吧？我會忍不住來好幾次。這麼一來，就會減少開拓其他店家的機會。所以太美味會很困擾。

不過如果難吃更麻煩。要是難吃到超越個人口味偏好的程度就糟了。這麼一來就必須找出這麼難吃還能幾十年屹立不搖的理由，那就非得常來不可吧？我得看看是老闆個性有魅力、是店面的地段良好、是客層特殊、還是CP值超高。

我知道吃完就立刻讓出位子是町中華界不成文的禮儀。但是這已經不足以滿足腦中塞滿妄想的我。

我想知道現在自己像這樣品嘗的——町中華的滋味與空間——是在什麼樣曲折的過程中形成。我也想知道町中華在什麼樣的契機之下誕生並發展至今，而經典料理又為什麼會成為經典。我也想要實際感受，自己出生成長的昭和高度成長期，到底是個什麼樣的時代。如果只是到處品嘗料理，很難得知這些事情。

所以我稍微鼓起勇氣，開口詢問今天也默默揮動鍋鏟的老闆：

「請問一下，這家店開了多久呢？」

第一章

普世歡騰：町中華的起源

一、戰前的發展：尋訪人形町「大勝軒本店」

大正二年創業

我認為町中華是戰後誕生的大眾中華食堂，發源於第二次世界大戰之後，至經濟高度成長期發展成熟。町中華的定義之所以如此模糊，是因為沒有主張「我才是元祖」的店家，也找不到開發町中華餐點並發展出完整菜系的明星級廚師。町中華不是特定的食物名稱，也沒有嚴謹的定義，因此沒有留下值得一提的紀錄，也是無可奈何的事。

但是，總不可能無中生有吧？自稱「中華料理」，卻又若無其事地把炸豬排丼、蛋包飯加進菜單裡且完全不覺得有什麼問題，這種奇特的菜式到底從何而來，其形成過程又是如何呢？我想在能力所及的範圍內排除萬難尋找根源。如此一來，只調查戰後的資料還不夠，町

一九三三年（昭和八年）四月一日開幕的大勝軒淺草分店。裝潢比總店新潮，員工也更多。

エビスビール
那料理
祝開店
大勝軒
當店廣告宣傳界のトップを切
傳書鳩利用
空中宣傳ビラ撒布
四月二日撒布時間

中華的基礎是中華料理，首先就從這裡開始。

這麼一想，就不能不提中央區日本橋人形町的「大勝軒」（大勝軒在其他地方也有分號，以下本節內以「大勝軒本店」稱之）。有些人可能會想到沾麵，但是大勝軒本店與沾麵完全無關，創業於一九一三年（大正二年），歷史更為悠久。當時沾麵這種食物連個影子都沒有。

早在明治時代，供應中華料理的店家就存在了，卻幾乎沒聽過從高級路線成功轉換為平價路線的案例。雖然在一九一〇年（明治四十三年），有東京拉麵始祖之稱的「來來軒」開店，至今在目黑區的祐天寺依然有承襲這個流派的店家，但來來軒與其說是町中華，稱之為拉麵店更合適。

大勝軒本店在一九八六年結束營業，雖然現在轉型經營「珈琲大勝軒」，但仍有幾家分號持續營業。在這些老牌連鎖店可以品味「正統町中華」的氣氛，因此也擁有許多粉絲。或許還有其他能回溯歷史到大正時期的現存町中華料理店，但大勝軒本店無疑可視為東京町中華的源流之一。

幾年前，和我一起成立町中華探險隊的下關鮪魚，曾帶我去一趟珈琲大勝軒。我著實被這家店所震撼，一點也不誇張。店裡裝飾的店名書法，竟然出自乃木希典大將之

注意最左邊是乃木希典的簽名。

手。此外還有昭和初期拍攝的店鋪照片，上面寫著「支那料理」。

不過，當時我和鮪魚因為很高興發現了町中華的源流之一，只顧著興奮，結果喝完咖啡就離開了，沒有詳細訪問店家。雖然之後去了三越前的大勝軒分號，間接窺見其歷史端倪，但後來一直都沒有再度造訪本店。雖然有過好幾次拜訪的機會，但每次都彷彿聽到心裡有聲音說「時機還早」。好似如果不親自品嘗當前的町中華，得到一定程度的理解，就無法承受百年老字號的重量。

不過，我開始進行町中華探險已經第四年了，也稍微擁有能夠跟上話題的自信，彷彿聽到心裡的聲音說「時機成熟了」。

述説鮮明記憶的渡邊千惠子。

來自廣東省的廚師——林仁軒

「那是以前的事情了，幾乎沒有留下紀錄，所以我試著將大致的發展歷史寫下來。」

店門一開，我走進珈琲大勝軒，老闆娘渡邊千惠子已經幫我準備好資料。千惠子女士是第四代老闆渡邊武文的妻子。一九六八年，第四代老闆年僅四十四歲就英年早逝，千惠子女士從那時起到一九八六年年末大勝軒本店結束營業為止，一肩扛起這家店的生計。第五代老闆祐太郎將舊店面改建成樓房，一九八八年開始經營珈琲大勝軒，但千惠子女士依然每天來店裡。她已經九十多歲了，卻一點也看不出來。

「明明是咖啡店卻叫大勝軒，很奇怪吧？改成咖啡店的時候，也不是沒想過換個店名，但當時無論如何都想守住大勝軒這個名號，就保留下來了。以前的常客來光臨的時候，用大勝軒這個名字也比較容易找吧？以前的熟客也常來喝咖啡喔！」

我也很慶幸這間店用「珈琲大勝軒」的名號經營，否則連要追溯町中華歷史的線索都很難吧？

首先，我想知道創立這家店的經過。為什麼會選擇中華料理店呢？

「因為第一代老闆渡邊半之助認識了林仁軒。」

關鍵人物立刻就登場了。第一代老闆本身不是廚師，但他認識了來自廣東省的中國人林仁軒，於是想開一家支那料理店（這是當時的稱呼，便是現稱的「中華料理」。以下同樣以「支那料理」稱之）。林仁軒在一九〇五年（明治三十八年）來到日本，當時他二十歲，似乎在做攤販生意。

一九三四年（昭和九年），林仁軒四十九歲時。

日俄戰爭也在這年結束，他或許想要來到因戰勝而氣氛歡騰的日本白手起家吧。大勝軒第一代老闆半之助，當時在經營油品批發，想必是擁有相當財力與先見之明的一號人物。

一九二八年的大勝軒本店。
照片中的嬰兒就是老闆娘的丈夫渡邊武文。

他僱用了林仁軒擔任料理長，決定開一家支那料理店。

生活在明治末年與大正初年的人，有些也出生於江戶時代。不同於現在，當時大眾對中華料理仍不熟悉。半之助憑著商人的直覺，認為「這個會大賣！」於是決定放手一搏。開店地點選在當時東京最具代表性的鬧區之一——日本橋人形町。雖然不是超高級的餐廳，但照片中的店面設計相當氣派。現代化的店面採取不屬於任何國家的風格，既非和風，亦非中國風。

令人不解的是，乃木大將在大勝軒本店創業的前一年（一九一二年），就追隨明治天皇殉死，那他到底是在什麼時候寫下店名的呢？這個店名應該是原本就與乃木大將有交情的第一代老闆決定開店時，拜託他寫下的吧？相傳店名「大勝軒」是為了紀念日俄戰爭大勝而取的吉利名字，那唯一的可能就是在明治天皇還活著時寫下的。

千惠子女士說，大勝軒本店這時其實遭遇了危機。挖角林仁軒、為了開支那料理店而奔走的第一代老闆半之助，在一九〇九年（明治四十二年）去世了，比乃木大將走得還早。

不過，成為渡邊家養子的松藏，在改名為半之助後成為第二代老闆，繼承了第一代當家的遺志，達成大勝軒本店開幕的目標。如果半之助對經商沒興趣，這店就開不成了。而且第二代老闆是名優秀的商人，他與林仁軒齊心協力壯大這家店，我想第二代老闆的努力對町中華界功不可沒。

「林先生住在深川（江東區）的宿舍，後來與在我們這邊工作的女性結婚。以前在這裡工作的人，很多都來自千葉縣。這大概是因為第二代老闆半之助也來自千葉縣吧？」

千惠子女士給我看另一張淺草分店的照片（見第15頁）。這家分店的店面設計比本店更現代化，看起來像是高級餐廳。大勝軒淺草店於一九三三年（昭和八年）開店，員工人數也很多，想見其充滿活力的氣氛。

二十年才能出師開分號

「不過，要記住料理的做法非常辛苦。林先生沒有留下食譜，以前的廚師也不願意教。在職人的世界裡，只能偷師技術。所以我們直到最後都沒有食譜之類的東西留下。」

原來如此。我們看町中華的掌廚老爹，量都不量就把調味料隨手倒進鍋裡，以為他們只是隨便炒炒，但他們這種作法才是忠於基礎，重視經驗累積，並靠著身體與舌頭記住感覺。即使不手把手教學，會成長的人依然會成長，只不過很花時間罷了。

「需要二十年吧。不過，想成為獨當一面的廚師，就是得花上這麼久的時間。而且，如果願意努力到這個地步，也能獲准出師開分號。」

開分號，是指允許長年工作的員工使用相同的店名（屋號）獨立開店的制度，從江戶時代就存在了。在店學習二十年就能獨立開店，是大勝軒不成文的規定。因此到了一九三〇年代，大勝軒的分號就以日本橋一帶為中心逐漸增加。

本店會因此得到好處嗎？至少在金錢上沒有。分號不是分店，是獨立經營的店家，不需要向本店繳納店名的使用費。再加上大勝軒本店因為林仁軒的堅持，無論麵類還是燒賣皮都從頭到尾由自家桿製，因此也不存在本店經營製麵所、分號自本店採購麵皮的系統。本店只是基於勉勵的心態給予分號相同的店名，提供象徵性的支持。這種關係或許與親子之間相似。

不過，開分號對於成為獨立經營者的廚師與顧客來說，卻是好處多多。

對經營者而言，最大的好處就是使用具有高知名度的店名，一開店就能獲得一定程度的信賴。相較於開一家默默無名的店，上軌道的速度想必有天壤之別。

那麼對顧客而言呢？雖然獨立分號的菜單設計、價格設定都沒有限制，但發揮的依然是本店栽培起來的技術。雖然也有最後發展出完全不同口味的案例，但剛獨立經營時還是繼承了本店的味道，讓人覺得安心。

身為町中華的愛好者，我由衷慶幸有開分號這種獨特的制度存在。

即使大勝軒本店不在了，只要去到其他分號，依然能夠品嘗到本店親傳技術的自製麵食，而我們也能由此想像本店麵食的滋味。

大勝軒供應的是約一世紀前的廣東料理，當時連必備的蔬菜都難以取得。林仁軒在這種情況下，想必研究了適合日本人的溫和口味吧？他的食譜就像傳聲遊戲一樣，由廚師代代相傳。即使多數口味已變，麵食的桿製方法或許仍保留了昔日殘影。我以前在三越前店品嘗時未曾意識到這些，下次再細細品味。

下午休息制始於大勝軒?!

第二次世界大戰的空襲將東京燒成了廢墟，人形町也不例外，大勝軒各店從零開始重新出發，本店也在原店址附近重建。

大勝軒自創業以來，一直都以適中的價格經營至今，不太貴也不會太廉價，現在可沒這種餘裕了。當時對食物的需求是低價、美味又能吃得飽。經過戰後的混亂期，以拉麵為主力的新形態中華料理萌芽崛起，像大勝軒這種從戰前開始營業的中堅店家，也彷彿被時代的洪流吞噬似地加入了這個行列。

在這個時代挑起重擔的是第三代老闆喜平次，與終戰時剛滿二十歲的第四代老闆武文。當時所有人都拚命工作，期待早日復興。日本橋人形町也逐漸恢復戰前的繁華。到了一九五八年（昭和三十三年），千惠子女士與大勝軒第四代老闆結婚。

「我原本在附近的公司當個粉領族，從事會計工作，所以我一開始是以客人的身分光臨大勝軒。後來因緣際會和第四代老闆走到一起，婆婆還對我說：『店裡的事妳完全不用操心。』但怎麼可能呢？」

出現了！生意人對嫁進來媳婦的必殺話術！不過，千惠子女士對這句話也沒有當真，想必是抱著某種程度的覺悟吧？然而等著她的，是超乎想像的現實。

當時景氣絕佳，店裡直到晚上十一點顧客依然絡繹不絕。女性雖然不進廚房，工作仍堆積如山。到底有多忙呢？據說忙到連做員工餐的時間都沒有。那該怎麼辦呢？只好拿著大鍋子去別家餐廳，買咖哩醬汁回來淋在白飯上面吃。不只大勝軒本店如此，生意興隆的老店都是同樣的狀況，所以都能互相通融。

當時的大勝軒本店內部。
店裡擺著義大利製的大理石桌。

「每天都沉浸在工

作裡，時間一轉眼就過了。畢竟光是燒賣，一天就要做一千個。」

燒賣是大勝軒開張以來頗受歡迎的餐點。早上備料就需要一千個燒賣分量的皮與餡料（絞肉和洋蔥），接著打起精神開始包，但到了臨近開店時，員工會回到各自崗位工作，包燒賣的人手只剩下千惠子女士與婆婆。碰上舉辦宴會的日子，有時甚至要包兩千個燒賣。因此，即使餃子在戰後開始流行，「大勝軒本店」依然沒有把餃子加入菜單。

原來如此。燒賣作為中華料理菜式的歷史，比餃子更為悠久，也更經典，卻很少在町中華看到，我一直對此感到疑惑，這時終於有解開了一個謎團的感覺。像大勝軒本店這種先供應燒賣的餐廳，如果還要兼賣餃子，就太費工夫了。由此可以推測，戰後才開業的餐廳，多半也沒有多餘人力同時販賣這兩種費工的料理。

自戰前就有的經典「燒賣」，對上戰後的新勢力「餃子」，我認為兩者的爭霸戰，就在戰後的某段時期爆發。

燒賣的不幸，在於少不了「蒸」這道工序。町中華幾乎沒有蒸煮的料理。餃子界也是同樣狀況，水餃被趕到角落，煎餃則逐漸成為主流。因此，有不少戰前就開始做燒賣的店家都必須面臨二選一的時刻，將招牌餐點從燒賣換成了煎餃，更不用說戰後才開業的餐廳了。

餃子占據了家庭料理的一部分，也有助於餃子的普及化。我是一九五八年出生的，從小就隸屬於餃子派，對燒賣沒什麼堅持，頂多只在光顧正式的中華料理店時才有機會吃到，更沒印象吃過媽媽親手做的燒賣。

然而，正因為現在餃子興盛，販賣手工燒賣的店家更值得珍惜。這些餐廳有相當高的可能性具有悠久的歷史，很可能老闆曾在正統中華料理店學習，或者在燒賣名店工作過。

大勝軒本店就在第三代老闆盯場、第四代老闆武文與千惠子女士分別在廚房與外場負責主要工作的體制下，恢復了更甚於戰前的活力。這時日本進入高度成長期，街上擠滿人潮。

「當時的人形町有曲藝場、小劇場、舞廳和電影院，非常熱鬧喔！這邊也有紅燈區，走到大馬路上就能聽見以三味線伴奏的長唄[1]。藝伎訂餐都要送到美容院，所以嚴禁有湯汁的料理，通常都是炒飯或炒麵。」

我請她列出一些受歡迎的餐點，她回答，應該是炒麵、炒飯、糖醋里肌、五目炒

1　譯註：歌舞伎舞踊的伴奏音樂。

這個不像咖啡店的店名，
包含了老闆娘的堅持。

麵、雞肉炒麵、中華便當之類的吧。由此可知，大勝軒本店在這個時代也成了相當大眾化的店家。平日客層是上班族，到了週末就變成家庭。年底和新春都是舉辦宴會的時期，沒有閒工夫休息。

「我們原本從中午營業到晚上，後來因為實在太忙了，便在下午騰出休息時間。我們應該是人形町下午休息的始祖吧？」

他們勤奮的程度，到了讓人想請他們快去休息的地步。不過值得注意的是，大勝軒本店沒有中華料理以外的餐點。炸豬排丼、咖哩飯、蛋包飯這些戰後開業店家積極加入菜單的料理，他們一點興趣也沒有，由此可以感受到老店的志氣與驕傲。

現在也能品嘗林仁軒料理的滋味

大勝軒的分號逐漸增加，除了日本橋一帶，也逐漸拓展到江戶川區、豐島區、台東區等區域。一九六〇至七〇年代是全盛時期，分號多達十七家，大勝軒本店甚至會在每年二月舉辦店長會。然而到了一九八〇年（昭和五十五年），分號數量減為十一家，現在更是只剩下四家了。雖然令人落寞，但這四間分號依舊保留了大勝軒仔細備料、以料理填飽在地人肚子的特色。

大勝軒以正統派的支那料理店起步，將道地的支那料理調整成適合日本人的口味，擴大客層，堅持自製，並允許確實繼承本店口味的員工開設分號。這些獨立開業的廚師，以身體與舌頭牢記的口味為基礎，配合客層與時代的潮流，各自花費心思使料理更加完整。町中華的特色，就在於乍看之下與普通的店家沒有區別，卻與街景融為一體。正因為能夠做到這些，大勝軒至今依然是町中華愛好者抱持敬意的存在。

*

幾天後，我在車站等電車時，接到千惠子女士打來的電話。

「我明天會做燒賣，方便過來一趟嗎？」

她受以前的常客請託，每月會做一次燒賣，一次做五百個。

「我想去！」

我立刻回答，隔天飛奔而去，在門口收下了裝在便當盒裡熱騰騰的燒賣，搭乘特急梓號列車，搖搖晃晃回到長野縣松本市的家中。家人非常開心，這就是燒賣獨具的「奢侈感」。

這盒燒賣和大勝軒開店時店內自製的不同，是使用市售麵皮製作的，但絕對是以熟練技術三兩下包好的小巧燒賣，一入口肉汁立刻滿溢。

這正是一線串起大正與平成時代一百年的美味。這個滋味並非專屬於千惠子女士。林仁軒的燒賣必定也是這樣的大小、這樣的味道。雖然我沒吃過，但想來理應如此。

二、戰後到東京打拚：下北澤「丸長」的擴展

急速膨脹的戰後東京

町中華的第二條源流，推測是在第二次世界大戰後，從外地來到東京的人加入了這個業界。

一九四五年（昭和二十年）戰爭結束，東京都人口較前一年減少了三百七十八萬兩千七百一十七人，下滑到三百四十八萬八千兩百八十四人（引自《人口推移「東京都、全國」明治五年至平成二十三年》〈東京都人口統計課〉，以下同），才短短一年，就急遽減少到半數以下。在此之前，東京的人口一直持續成長。一八七二年（明治五年），東京都人口為八十五萬九千三百四十五人，七十年後的一九四二年（昭和十七年），膨脹到七百三十五萬七千八百人，創下東京人口數的最高紀錄。一九四五年的三百四十八萬人，只與一九一九年的人口數相當。而且東京不只是人口減少而已，還有不少地方被

糾纏不休的反覆空襲炸成了廢墟。

不過，東京復興的速度也很快。從人口變化來看，終戰隔年的一九四六年（昭和二十一年），東京人口數約四一八萬人，增加了一九・九二％；一九四七年（昭和二十二年），增加了一九・五五％，突破了五百萬人；八年後的一九五三年（昭和二十八年），來到七百四十六萬八千九百零七人，創下有史以來最高紀錄。自終戰以來，東京增加了將近四百萬人。

增加的人口數中，除了原本就生活在東京的人（從疏散地或戰地回來的人）與戰後出生的孩子之外，想必也有許多人為了尋求工作或住處而來到東京。這些人為了在東京這塊新天地討生活，開始經營各種生意。在麵類當中，就有人注意到了拉麵。

像「大勝軒本店」這種戰前就創業的店家，已經擁有憑著獨特口味營業至今的實績，如果說他們屬於菁英組，那麼在戰後的混亂期加入餐飲業的人，就是充滿了求生精神的野戰組。他們不受限於既有的常識，是開創「百無禁忌的中華食堂」這種全新經營模式的中心人物。說到町中華就不能不提到他們。

白底紅字，圓圈中有一個「長」字。這塊暖簾別具意義。

丸長的「長」是長野的「長」

在我經常光顧的町中華中，有一家是位於世田谷區代澤的丸長。正式名稱是「丸長中華麵店」，但丸長遍布各地，為了避免混淆，在這裡就稱之為「下北澤丸長」吧。

這家店位於茶澤通，雖說是在下北澤，從車站出發也得步行十分鐘以上，因此光顧下北澤丸長的多半是附近的人。這家店的外觀非常普通，町中華探險隊的其中一名隊員從以前就是常客。座位分成吧檯區與餐桌區，更裡

下北澤丸長的夏季限定菜單——冷叉燒麵。
魚骨湯頭也堪稱絕品。

面還有榻榻米空間。店內最多可容納四十人左右，以町中華而言相當寬敞。

在這裡不管點什麼料理都不會踩雷。雖然我認為美味與否對町中華而言只是次要，但這裡的韭菜炒豬肝真是讓我念念不忘。拉麵的湯頭無可挑剔，中華料理之外的餐點也不馬虎。

算了，這樣也不錯。總而言之，我喜歡上這家店的味道了，如果需要拍攝雜誌或電視節目，就會去請他們幫忙，探險隊的新年會在這裡舉辦，我與老闆深井正昭也逐漸熟稔，他開始告訴我以前的事情。我聽了愈來愈多片段，忍不住覺得下北澤丸長自一九五三年創業以來的歷史，根本就是從外地到東京生根的町中華代表案例。於是這次我就一邊翻閱老相簿，一邊回顧深井先生的記憶。

不過在此之前，我先說明一下「丸長集團」。熟知東京町中華的人應該不陌生，但其他人或許是第一次聽到。

請大家想像一下，各地不是都有那種店名相同的町中華嗎？丸長集團就像這類町中華的規模擴大版……話雖如此，整個集團也只有幾十家店，還算小巧可愛。總之，只要把丸長集團想成使用同店名、透過分號拓展勢力範圍的町中華集團即可（店名與丸長不同但屬於系出同門的店家，也會加入「丸長暖簾會」）。不過，為了與日高屋等中華料理連鎖企業有所區別，探險隊將這些以軟性方式結盟的個人經營店家稱之為「軟性連鎖店」，例如生駒軒、高野、代一元等，而丸長就是這類軟性連鎖店的代表。

那麼，丸長到底是從哪裡來的呢？其根源就隱藏在店名短短二字當中。不，或許該說雖然顯而易見，但因為店名太過直接，我們反而未曾想過其由來。其實這個「長」字，就是長野縣的意思。

丸長的創始人是來自長野縣的青木勝治。一九四七年，戰爭剛結束不久，青木勝治與兩個弟弟一起在杉並區荻窪開店。當時還是無法自由取得麵粉的時代，因此他們最開始是賣紅豆麻糬湯，畢竟最重要的是討生活。丸長創業是從販賣甜點與茶水開始，令人意外。

後來開始實施麵粉配給制度，於是這回青木兄弟改經營烏龍麵、日式麵條、中華麵等麵食的委託加工。就這樣來到一九四八年，他們終於開了一家以販賣拉麵為主的店，經營陣容加上親戚共有五人，店名「丸長」就此誕生。他們從代表自己故鄉的長野取一字放入圓圈當中，在東京放手一搏。取名邏輯雖然簡單，卻相當出色。

不過，大家可不能把丸長想像成時下那種時髦的店面。丸長店面寬九呎（約二・七公尺）、深三呎（約九十公分），只有一坪不到。而且當時在《食管法》（日本《糧食管理法》為一九四二年時，以管理糧食、調整供需與價格、限制糧食流通為目的而實施的法案）的管制下，禁止販賣米飯與麵粉，因此他們為了逃避取締而借用中國人的名字營業，提供顧客「代用麵」這種名稱模糊的餐點。

如細胞般分裂增殖的丸長聯盟網

丸長這家店生意興隆，奠定了今日的基礎，不過其發展模式值得注意。就現在的主流思維來看，以兄弟為主經營的餐廳如果生意興隆，下一個階段應該就是擴大店面，再進駐到更好的地點，或是開設分店發展成連鎖企業。但丸長採取的方式，卻是五位共同經營者在不同的地點各自開店。

丸長創始人勝治的店是「丸長」，弟弟保一是「榮樂」，另一名弟弟甲七郎是「榮龍軒」，親戚山上信成是「丸信」，坂口正安則是「大勝軒」。五人如細胞分裂一般，分別走上屬於自己的道路。

這種決斷既大膽又冷靜。親戚合夥開店做生意，如果發展到一定程度，可能會因為每個人都堅持自我主張，最後演變成金錢糾紛。而這五人是共同經營，採取開分號的形式也很奇怪。於是他們分別使用不同的店名，維護了各自的臉面，建構以對等的立場互相協助的體制。真是個妙方！

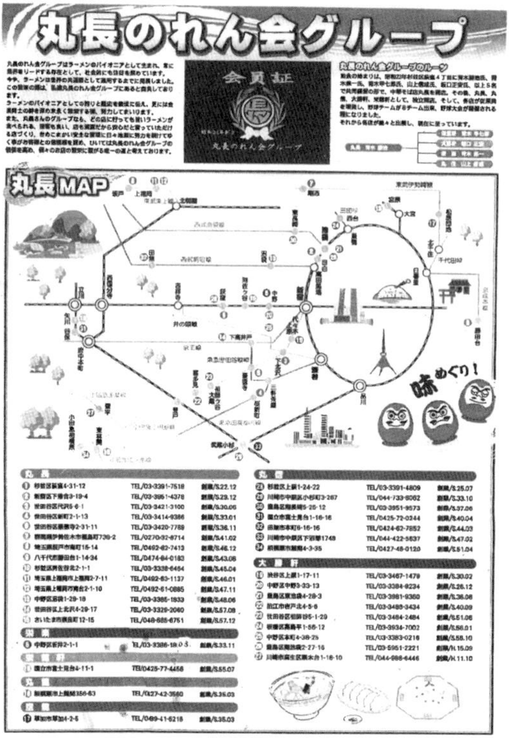

丸長暖簾會集團的丸長、榮樂、榮龍軒、丸龍、空龍、丸信、大勝軒地圖。暖簾會五十週年時製作。

後來在各店學習的人出師開業，繼承了丸長的湯頭熬製方式與經營理念，維持著軟性的結盟關係。

隨著時間過去，這種歡迎獨立的觀念，造就了丸長集團聯盟網。集團內的店家在一九五九年（昭和三十四年）組成「丸長暖簾會」，到了一九九五年（平成七年）增至五十二家店。成長到這個數字，靠的不是加盟連鎖或開分店，而是廚師的學習與協助出師開業的傳統，相當了不起。

雖然現在作為母體的丸長，其店家數量因為高齡化等因素而減少了，但很少人知道，點燃沾麵熱潮的「東池袋大勝軒」，其實也是丸長集團的一員。許多人誤以為沾麵是東池袋大勝軒發明的，其實研發出沾麵的店家，是曾在丸長學習過的坂口正安後來獨立開的「中野大勝軒」。東池袋大勝軒的創始人山岸雄一，曾在中野大勝軒工作過。坂口正安是山岸雄一母親家族那邊的表兄弟，在長野縣時曾一起生活，關係親密。以下根據山岸所著《東池袋大勝軒心之味》，簡述沾麵誕生的經過。

山岸十六歲中學畢業後，到東京當車床工，當時在阿佐谷「榮樂」（隸屬丸長集團）工作的正安來邀請他：「我準備自己開店了，你要不要來幫忙？」山岸先在榮樂學習，接著在正安的店「大勝軒」（現在的中野大勝軒）工作。店裡生意很好，於是三年之後，正安在代代木上原開了一家分店（現在的代代木上原大勝軒），中野店就交給山岸打理。山岸於一九五五年（昭和三十年）在中野店推出新菜式「特製盛麵」，這道料理就是沾麵的始祖，靈感源自於自己的員工餐。

根據山岸的描述，他剛到榮樂工作時，就已經有這道員工餐了，因此雖然將這道料理放上菜單成為商品的是自己，但發明者應該是丸長的創始人。據說沾麵的靈感來自日本蕎麥麵中沾醬汁吃的「蕎麥冷麵」，這則軼事也很符合丸長創始人來自長野的身分。

話題再回到暖簾會。暖簾會最大的特徵，就是各店沒有金錢上的利害關係，也沒有營業上的限制。上一節介紹的人形町大勝軒本店也是如此，出師獨立之後，無論是食材的貨源、調味還是菜單設計，都是各店的自由。就我到目前為止聽過的說法，透過開分號獨立的町中華幾乎都是如此。戰前的傳統，就這樣延續到戰後。

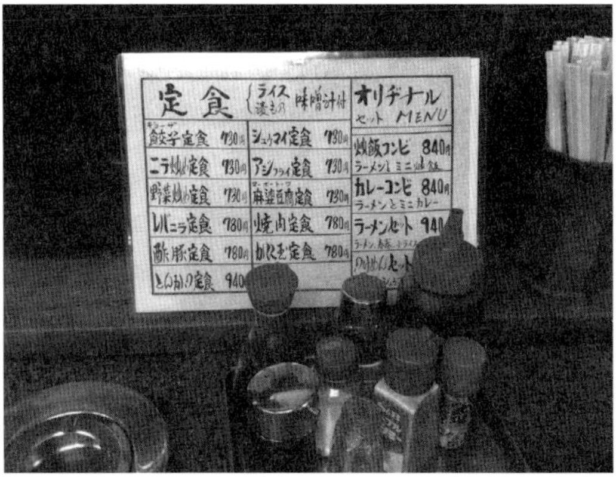

下北澤丸長的定食菜單。除了菜單上的料理之外，還有每日套餐、餛飩麵、天津丼等。

　連鎖加盟的概念，要到一九六〇年代才從美國引入日本。可以推測至少在此之前，員工儘管在獨立開業時獲得允許使用本店店名，但傳統上本店不會提出更多的要求。開分號相當於成為平起平坐的夥伴，既然承認你是夥伴，就允許你使用店名作為長年努力的回報，除此之外不會再干涉。上一節我也寫到，這種心態就像守護孩子獨立的父母。

獨立開分號之後，要怎麼經營就全憑店主了。我認為正是因為這種自由風氣，町中華界才能如此有活力，變得更有趣。或許蕎麥麵店分號的情況也類似，但蕎麥麵店自江戶時代歷經去蕪存菁形成了既定模式，顧客追求的品質也大致固定，很少有店家能做到大幅突破。但是町中華是戰後誕生的新形態中華食堂，尤其早期正值戰後復興期，顧客要求便宜、能夠振奮精神又能吃得飽，想必沒有多餘的心力開發「講究的拉麵」吧？

如果開始講究，自然就會對口味變得挑剔，希望以拿手料理決勝負，於是將菜單去蕪存菁，朝專門店的方向發展。町中華當中，想必也有店家在幾年後轉換方向，走上拉麵專賣店之類的路線吧？但這是高度成長中期以後的事了。在連麵粉都無法充分取得的時代，很難做到這個地步，也不符合顧客需求。當時的町中華反而不斷增加菜色，最後跨出中華料理的領域，連丼飯與洋食都貪心地囊括進來。

老爹原本是X光技師

為了讓讀者理解下北澤丸長的故事，我帶各位稍微複習了丸長集團歷史，沒想到寫了這麼長。我們再次請第二代老闆深井正昭登場吧。那麼前一代老闆也是丸長創始人的親戚並來自長野縣嗎？

「這個嘛，我家老爹不是長野人，他在東京都中央區八重洲出生。而且原本的工作是X光技師。」

第一代老闆深井正信原本是東京的上班族，既不是長野人，也與餐飲業無關。他出生於一九一三年（大正二年），在第二次世界大戰時是三十歲左右的中堅上班族。這樣的人為什麼會與丸長搭上線呢？似乎是由於戰時的疏散所致。

「待在東京太危險，所以他把整間公司都搬到長野縣的湯田中，在那裡迎接戰爭結束。我就是在湯田中出生的，當時是戰後的一九四八年（昭和二十三年）。」

湯田中很靠近丸長創始人的故鄉。原來如此，兩人大概在這裡有過什麼緣分吧？

「但是戰爭才剛結束，沒有什麼X光機的需求，老爹覺得公司應該撐不了多久，於是回到東京。老爹不知道接下來該怎麼辦，就到荻窪的丸長本店工作。」

深井正信原本就是東京人，他拋下前景不明的工作回到東京是可以理解的。但推測因為某些原因（中央區是東京大空襲時的重災區），深井正信無法回去老家，所以才去投靠在長野認識的青木勝治。不過，詳情究竟如何，深井正昭也不知道。深井正信拚了命尋找能混口飯吃的地方，因為他認為比起以規劃人生為出發點來決定做什麼工作，活

第一代老闆深井正信夫妻與年輕的員工。

下去與養家活口更重要。他投入工作是為了生計，但或許因為帶有職人精神的個性很適合當廚師，手藝在短期之內就有所提升。

他在一九五三年的夏天出師開業，在距離目前店面不遠的地方，掛起了「下北澤丸長」的招牌。因為有妻子娘家與親戚的支援，深井正信出師速度算是比較快的。當時深井正昭就讀小學一年級的第二學期時，從池袋的小學轉學到世田谷區立代澤小學。

「老爹常說自己可是『上班族創業第一人』，所以算隸屬於所謂的早期獨立開業組吧？他在那裡做了兩年，後來遇到有不錯的店面釋出，就搬到了現在的地方。」

餐廳就開在代澤小學前面，全校孩子都知道這家店是深井正昭家裡開的，所以他從小的綽號就是「丸長老闆」。直到今天，光顧多年的常客還是會簡稱他「長老闆」。當時他一回家就會被叫去幫忙，煩得不得了，讓人覺得家裡做生意的孩子真辛苦。

當時的店裡氣氛如何呢？

「我只記得很忙。不只客人多，也有三、四個包吃住的員工，他們常常陪我玩。」

我是一九五八年（昭和三十三年）出生的，現在談的剛好是我出生時的事情。那是什麼樣的年代呢？大概是這種感覺：

【事件】

皇太子妃人選確定，東京鐵塔完工，長嶋茂雄出道，實施賣春防止法，戰後第二波經濟成長期。

【熱門商品】

速霸陸三六〇、本田小狼、呼拉圈、野球盤桌遊。

【流行語】

棒透了、來電、團地族[2]、一心二用族。

2 譯註：「團地」是日本一九五〇年代興起的集合式住宅區，因價格低廉而吸引許多中低收入家庭入住。這些團地居住者被稱之為「團地族」。

好懷舊。原來自己出生是在這麼久以前了，不禁讓我大受打擊，不過從熱門商品與流行語也能感受到景氣正在成長。「下北澤丸長」所在的茶澤通一帶人口也愈來愈多，餐飲店也隨之陸續開幕。

穿上最好的西裝前往箱根的慰勞之旅

當時在店裡工作的是什麼樣的人呢？像第一代老闆那樣為了混口飯吃而拚命工作的世代，多半都有了自己的店、晉升老闆階級，但這時的戰後出生世代離出社會應該還早吧。就在我想像不出來的時候，深井先生很快就給出了答案：

「都是集團就職的孩子喔。」[3]

啊，原來如此！戰後到一九六〇年代中旬的初、高中畢業生被稱為「金卵」，陸陸續續來到東京。

「到我們店裡工作的孩子多半來自東北。老爹去上野車站接他們，交接似地從陪同的老師手上把他們帶過來。初中畢業的孩子才十五歲左右吧，對我來說就像年紀剛好的大哥哥。他們來到東京看起來似乎很開心。雖然應該也有難過的時候，但總之不會餓肚子，也有地方住。」

請想像一九六〇年當時的下北澤丸長。四十七歲正值壯年的第一代老闆管理廚房，管理外場的則是太太，負責洗碗、送外賣的是那些十幾歲的「金卵」。顧客也以學生和在工地工作的男性為主，所以多半二、三十歲。

沒錯，我出生時的町中華，是年輕人經營、年輕人來吃飯並且充滿活力的中華食堂。

現在來町中華用餐的人，感想大多是「氣氛懷舊，很有滋味」，或是「夫妻共同打理，氣氛溫馨」，但在當時完全不是這樣，而是料理品項新潮、充滿年輕的力量，整家店就是活力的化身。一切都在成長，東京人口已經達到約九百六十八萬人，眼見就要成為一千萬人的大都市。

而下北澤丸長提供什麼樣的餐點，價格又是多少呢？相簿中的照片，拍下了一九六五年左右的菜單。

白飯（五十日圓）、五目拉麵（一百五十日圓）、餃子（六十日圓）、芙蓉蛋（兩百五十日圓）、肉丸子（兩百五十日圓）、蛋包飯（一百五十日圓）、咖哩飯（一百日圓）

3　譯註：「集團就職」是日本戰後流行的一種僱用形式，初、高中畢業生集體到大都市的企業或店面工作。

照片中沒有拍到拉麵與炒飯的價錢，我想大約一百日圓左右吧。此外，店裡似乎也提供刨冰。讓人有點驚訝的是，菜單上竟然有蛋包飯。第一代老闆應該只學過中華料理才對……。

「當時的大眾中華料理店什麼都賣，我記得丼飯也是從剛開店的時候就有了。我們現在也賣很多料理，不過從以前菜單品項就不少。」

原來從這麼早以前就開始提供丼飯了嗎？我以前一直秉持和食與洋食要素後來才漸漸融入町中華的推測，看來這個想法必須修正才行。

「你知道為什麼嗎？」

應該是為了不管什麼樣的客人來，都要能夠滿足他吧？

「沒錯。週末會有家庭來用餐對吧？如果顧客覺得這家店只賣中華料理，他們就會跑去別家店了。雖然我們是中華料理店，但要是被顧客問到『沒有丼飯嗎？』還是會想說不然就做做看吧（笑）。所以基本上，不是我們主動說也有做這些料理，而是顧客想吃什麼，我們就提供什麼。」

餐點雖然以中華料理為主軸，但顧客要求的菜式只要做得出來，就會放進菜單裡。就算不太清楚該怎麼做，也總會有辦法解決。丼飯聽起來不錯！不過直接料理就太無趣了，所以用拉麵湯頭來提味，與蕎麥麵店的丼飯做出區隔。

不只下北澤丸長如此，許多店家也會開發新菜式以回應顧客要求。這種新菜式的特徵是會先以手寫的方式貼在牆壁上，而未放進正式菜單裡。譬如端出來當下酒菜的燉煮牛雜大受好評，就做成了定食。如果有人抱怨「這家店到底賣的是什麼啦！」也只好接受了，深井先生這麼說，讓人不得不同意。畢竟町中華從以前就是店家與顧客齊心協力建立起來的飲食類別。

有張照片不曉得是不是去哪裡旅行時拍的，每個人都穿著入時的西裝，表情志得意滿。町中華配西裝？為什麼大家都有西裝呢？

「現在或許很難想像，但西裝曾是男人的夢想。就算是在中華料理店洗碗的學徒，也希望出了社會後能夠穿上筆挺的西裝。這是在箱根，大家頂多二十歲左右吧，也只有這種機會能夠穿上最好的西裝了。」

還有拍到七個人穿著棒球制服的照片。光是下北澤丸長一家店，就有這麼多人。之所以訂做制服，是因為暖簾會的店家聚集起來舉辦棒球大賽。

「我們只要借兩個人來能就湊成一隊了不是嗎？不管哪家店，都差不多是這樣。」

這是不折不扣的町中華青春時代。年輕的員工對店家來說就等同於家人，店家把自

寫著K. Marucho的制服。K是當時的餐廳地址「北澤」（Kitazawa）羅馬拼音的第一個字母。球棒為木製。

己當成員工在東京的父母一般照顧他們。員工專用的房間就在餐廳二樓，起居都在那裡。對深井先生而言，就像有好幾個年長的大哥。雖然也有中途辭職的孩子，但大部分都是質樸的好青年，在下北澤丸長持續工作了很久。

不過，這時距離町中華全盛期還很早。直至一九七〇到一九八〇年代，丸長集團的店家數量更多了。理由有二：世代交替，以及那些「金卵」出師開業。

第二代老闆的重大決定

深井先生在即將畢業的時候，就已做好繼承這家店成為第二代老闆的覺悟。他知道父母對他有所期待，也覺得總有一天這家店會由自己接手，卻遲遲無法下定決心。正猶豫時，他想到了一個好主意。

「我從小就在店裡幫忙，知道做生意的辛苦，所以想要一小段自由自在的時間，於是拜託老爹讓我去考廚師執照。我在白天幫忙完外送之類的工作後，就去當時位在三宿的東京廚師學校夜間部讀了一年。」

深井先生在一九六七年（昭和四十二年）正式進到店裡工作。他邊做邊學，過了將近十年，在這家店開業第二十三年的一九七六年，因結婚而成了第二代老闆。那個時代的町中華很賺錢，理所當然會想讓孩子繼承。

另一方面，深井先生視為大哥般仰慕的那些員工，已經工作了將近二十年，來到三十歲世代的中後期，該是出師開業的時候了。他難道沒想過要和這些默契十足的員工一起繼續共同努力嗎？

「這倒是沒有。他們是老爹僱用的，我就像

一九七六年四月，重新開幕當天。
後排左起第二人是深井正昭，旁邊是他的妻子。

這些員工的弟弟一樣，他們也不會想被我使喚吧？兩位員工在世代交替的時候，都出師開業了。」

深井先生趁著世代交替的機會做出重大決定。他借來兩千萬日圓，將店面重新改建。接著在四、五年後，隔壁的建築物出售，他便買下來改裝，才有了現在店面的寬敞空間。深井先生個性不服輸，不想被客人說二代接手口味就變差了，所以也從這時養成了一大清早熬湯的習慣。他的目標是經營舒適的店面，以及讓人一試成主顧的料理滋味。經營一間持續受到當地顧客喜愛的餐廳，是他給自己出的課題。

這時街上充滿餐飲店，速食店、大型連鎖店和家庭餐廳也登場了。深井先生或許在無意識中察覺到，必須做出改變的時代即將到來。

雜食性、頑固與社區經營

觀看丸長集團的歷史，我們可以知道，他們提供的品項以拉麵等戰前就很受歡迎的料理為主，也積極引進顧客要求供應的中華料理以外的菜式，形成町中華的雜食性，又具備儘管百無禁忌卻仍堅持不偏離「中華」主軸的頑固。

關於丸長的料理味道，特別值得一提的是湯頭。丸長使用柴魚片、鯖魚片等日式食材熬煮湯頭。各位或許會覺得「很多拉麵專賣店都這麼做啊」，但據說丸長是第一間將和風湯頭納入中華式拉麵的餐廳。

為什麼會有這樣的發想呢？因為丸長的根基源於擁有正統蕎麥麵的長野縣，將故鄉的味道融入中華料理，使丸長的湯頭展現出強烈特色，獲得許多顧客支持。很厲害吧！雖然輪不到我來炫耀，但成功融合和風湯頭與中華料理，也正是町中華的特色，一想到這點我就忍不住有點驕傲。

展現這些特色，讓丸長的生意愈來愈好，一如下北澤丸長兩名員工出師開了分號，丸長也有了到處開枝散葉的夥伴，逐漸建立起共存共榮的關係。而這個圈子當中，也誕生了更能順應時代的中華料理店，譬如以沾麵掀起熱潮的「東池袋大勝軒」。

「進入平成之後，冠上『丸長』名號的餐廳終究慢慢變少了，以後應該也不會再增加了吧？有段時間，光是這一帶就有八家中華料理店，現在只剩我們還在做了。沒辦法，這就是時代潮流。畢竟中華料理也不像過去那樣好賺了。雖然我有兒子，但不會像老爹那樣要求兒子繼承。我甚至覺得就做到我這代為止也無所謂。」

雖然深井先生這麼說，但儘管他已經七十歲了，現在仍早上六點熬湯、拖地、將食品模型陳列櫥窗打掃得一塵不染，等待顧客到來。他的自尊不允許自己用年紀大了、容易累之類的理由來結束營業。

「前一陣子，有位從小就常叫我們餐廳外送的女性，第一次來店裡吃飯。她很開心終於能夠在還熱騰騰的狀態下吃到，我聽了也很高興。」

原來如此，她第一次在店裡吃剛煮好的料理啊！但這卻是熟悉的滋味，由此可見町中華與社區之間的密切關係。

「媽媽排球隊也常在練球之後來這裡吃飯。她們胃口很好，也很會聊天。」

原來町中華成了食堂兼聚會場所，看來這裡的氣氛很舒服。對附近的人而言，這裡就像社交沙龍吧？

「你要不要撈撈看拉麵？應該沒試過吧！」

深井先生聊到一個段落後，允許我進廚房參觀。廚房是一家店的聖地，看來他似乎很信任我，這讓我很開心。

但這是我第一次體驗撈拉麵，所以很緊張。我原本應該用深井先生遞給我的扁平濾勺撈起麵條並輕輕將水甩掉，但才剛把麵撈起來，就立刻滑了下去。我放棄了，把濾勺還給深井先生，他立刻熟練地將麵撈成了一球。「好快！」忙碌的時候必須一次煮五球，還不能讓麵糊掉，所以練就了兩到三秒就撈起一球麵的技巧。據深井先生所說，以前就是用大量的水煮麵，讓麵條在大鍋裡翻滾，再以扁平濾勺撈起。濾勺的表面積大，甩個兩次就能將水甩掉。

如果是將麵放入單人用深型麵切，像是拉麵專賣店或立食蕎麥麵店所使用的方式，至少分量就無須在意。但遇到多位客人同時點單時，如果是使用扁平濾勺，就得憑目測與手腕直覺，瞬間判斷撈起的麵條分量。然而深井先生看似想都沒想，就將麵條撈進碗裡。每一碗麵的分量看起來完全相同，頂多只有一、兩條麵條的差距。

深井先生用不好拿的扁平濾勺熟練地將拉麵撈起。

這得花上多少時間才能如此熟練？得做過多少碗拉麵呢？

原來深井先生讓我體驗撈麵，是想要藉此告訴我，雖然町中華能以便宜的價格輕鬆用餐，卻不會因此怠慢顧客、在工作時偷懶。

從廚房往店裡看，到處都保持乾淨整潔的狀態。無數顧客用餐過、邊角磨到有點圓的餐桌，椅背有挖空「長」字並帶有光澤的椅子，都充滿長期使用的實用之美。

下北澤丸長的第一代老闆將店交棒給第二代之後也沒退休，到了九十歲都還會進廚房工作。深井先生想必也是如此，不管兒子會不會繼承，只要身體還能動，就會繼續甩著炒鍋吧！

三、遣返者所加入的中國口味

非比尋常的町中華

思考町中華的源流時，不能忘記從中國大陸遣返的人也在戰後加入了町中華業界。從剛開始町中華探險時，我就對這點感到好奇，可以想像這些人必定深深影響了町中華。但這個推論的根據相當不可靠，像是「聽說煎餃是以前從滿洲國遣返的人帶回來的，應該對町中華有影響吧？」或是「常看到拉麵連鎖店或町中華店，用舊滿洲都市哈爾濱（現在的黑龍江省哈爾濱市）當店名，所以應該有關聯性吧？」

我心想總有一天要調查這件事，但總是不自覺地往後延。而現在我已經知道戰前的町中華源流，以及戰後來東京打拚的人如何大顯身手，就沒有理由再猶豫了。我試著來思考町中華的第三大支柱——遣返者與町中華之間的關係。

這時我就想到了「松阿里飯店」。因為這家店，我開始想像町中華與遣返者之間有

中国料理
スンガリー飯店
スンガリーでお食事を
御宴会·御商談·御食事はお二階で

何關聯，雖然想法不是很具體。儘管不能說足夠充分，但我也跑了好幾百家店，這可不是白跑的，線索必定隱藏在過去的探險裡。

我在二〇一五年夏天，因為雜誌採訪而前往東府中（東京都府中市），「發現」了松阿里飯店。自從我開啟町中華探險之後，就養成了不管去到哪裡都要尋找町中華的習慣。我通常會提早抵達集合地點，探索周邊，但當時連探索也不需要。因為在東府中站北口前的路口，就能清楚看見松阿里飯店的建築側面。

如果只有這樣，就只是常見的站前町中華罷了，但這家店散發出不簡單的氣氛。松阿里飯店是四層樓的氣派樓房。町中華店家多半走普通的民宅風，即使在大樓營業，也只使用一層空間，給人一種小巧的印象。反之，這家店卻威風凜凜，還自稱「飯店」，因此我的第一印象是「這是一家正統中華料理店」。

但是這家店莫名吸引我。在探險中萌芽的「町中華直覺」告訴我，這家店絕對不能錯過。雖然店名奇特是理由之一，特殊到難以說明是使用什麼字體寫的招牌也讓我移不開目光。建築物側面有寫得不太整齊的廣告：「在松阿里享用餐點、宴會、商務餐敘、

聳立在東府中站前的中華料理松阿里飯店。也有部落格介紹過這家店的每週定食，將其評為價格便宜且分量夠多。

食品模型陳列櫥窗的照明令人印象深刻，
隨處點綴著熊貓之類的擺飾。

用餐請至二樓」，稍微有點褪色的廣告感覺頗有韻味。

我心想，這可得看看外觀是什麼樣子才行，我過馬路從正面看，是棟頗寬的樓房。距離完工應該過了不少年，至今仍有如此強烈的存在感，剛蓋好的時候想必非常搶眼吧？

我悄悄靠近入口，門口有充滿懷舊感的遮雨棚，燈光照亮食品模型陳列櫃櫥窗，營造出某種高雅和正統的氣氛。但與之相對的，門口旁擺放的定食與套餐菜單，價格卻非常親民。

「降臨派」與「來日派」

過去走強烈正統路線的餐廳，配合時代與客群變化而轉換路線的情況並不少見，甚至應該說經常會遇到。町中華探險隊滿心歡迎這些餐廳來到町中華的世界，將它們稱之為「降臨派」。

附帶一提，最近常見的中華料理店，多標榜吃到飽、喝到飽，菜色多到眼花撩亂，店名通常是兩個字，而且經常使用「麗」或「華」，招牌也非常花俏。有些店甚至在中午還會賣便當，整體特徵就是強烈展現出一種積極的態度。走進這類店裡，店員會用不甚流利的日語接待客人。由於能以便宜的價格品嘗到正統風味的中華料理，這類餐廳似乎頗受以上班族為主的客層歡迎。這些餐廳都很相似，說不定已經連鎖化了。

由正統廚師掌廚的餐廳從以前就已經存在，甚至不需要拿出橫濱中華街當例子。他們自明治時代以後，在日本推廣中華料理，而町中華可說是繼承了他們的味道，再「大幅調整」成日本人偏好的口味。過去的廚師如果光臨町中華，想必會覺得「竟然演變成這樣！」而大吃一驚吧？

那些「麗」什麼或「華」什麼的餐廳，應該是從一九九〇年代才開始出現的，後來逐漸增加，甚至可說自成一類。探險隊為了把這類餐廳與町中華區隔開來，便以「來日派」這個不嚴謹的類別稱之。

來日派的客層在某些地區與町中華重疊，雙方展開激戰。以東京為例，在品川區的大井町周邊，來日派的數量已經超越了町中華。反之，在舊城區的某些地方，町中華死

松阿里飯店的煎餃，五個三百八十日圓。

守地盤，來日派只好撤退。即使在價格與商業花招方面拉鋸，町中華依然擁有來日派所缺乏的優勢——那就是常客。老主顧的大力支持，是在社區長期經營的店家所擁有無可取代的財產。

「滿洲歸國者」的煎餃

再回到松阿里飯店。這家店讓我很好奇，這時還沒開始營業，無法窺見店內的樣貌，但既然讓我遇到了，就非得進去一探究竟不可。我暗自決定：「好，今天午餐就決定來這裡吃了。」便先前往採訪地點。

幾個小時後工作結束，我立刻造訪松阿里飯店。店內比一般町中華更寬敞，沒有吧檯座位，二樓似乎只在大型團體預約時才會開放。廚房在更深處，不是那種從顧客座位可以一覽無遺的「劇場型中華」。

松阿里飯店的菜單豐富，從定食到單點菜式都有，我點了午間套餐，味道非常普通。結帳的時候，我問服務人員店名的由來，對方回答「松阿里」就是流經中國北方松花江的別名，餐廳創始人從滿洲被遣返，所以取了這個名字。

我在這時犯下了一個錯誤，就是得知與中國大陸遣返者有淵源的餐廳確實存在後，就滿足地離開了。當時我認為盡可能跑更多家店、掌握町中華全貌才是最重要的事……說這些都只是藉口罷了。既然對這家店好奇，就應該立刻回訪，問得更仔細才對，真想把當時沒這麼做的自己狠狠罵一頓。

果然日復一日，我愈來愈想知道戰後從外地被遣返的人對町中華造成了什麼樣的影響。

遣返者當中，從中國回來的人（包含滿洲在內），想必數量最多。他們在當地不可能只吃日本料理，不管怎麼想大多數時候都是吃中國料理。遣返者將他們體驗過的滋味帶回日本，其中想必也有人把這種口味當成在戰後嚴峻時代得以生存的武器。

當然，就人數而言，原本就在日本生活並撐過戰後混亂期開始做生意者，依然占壓倒性的多數，甚至可以想成他們才是町中華原點。不過，遣返者「引進」日本的菜式中，有一項料理成了町中華不可欠缺的要角。

那就是煎餃。煎餃是町中華經典中的經典，足以和拉麵及炒飯相提並論，在家庭料理中也很普遍。

具體的脈絡到底是怎麼一回事呢？我試著以煎餃為切入點，調查遣返者與町中華的關係。

中國自古以來就有吃餃子的習慣，但最常見的是水煮後瀝掉湯水的水餃，而且較熟悉的吃法是當成主食，不會配飯吃。其他常見的還有作為點心的蒸餃與炸餃子。煎餃在中國稱不上主流，據說煎餃這種以薄皮包裹餡料煎熟的料理方式，只有在日本才成為普遍受歡迎的餐點。

那麼，煎餃到底是誰、在何時傳入的？大家公認的餃子之都——宇都宮的官方網站上有下列介紹：

> 宇都宮之所以成為餃子之都，是因為市內駐紮的第十四師團在出兵中國時認識了餃子這種食物，回到故鄉後推廣普及。此外，宇都宮屬於夏熱冬寒的內陸型氣候，據說餃子因為能夠補充精力而逐漸受到喜愛。

煎餃不可能是在戰爭期間普及的，應可推測是從戰地回來的軍人，以及曾在滿洲生活過的遣返者開始經營餐廳，而將煎餃納入菜單，於是逐漸廣為人知。那麼，這種現象只在宇都宮市發生嗎？當然不可能。

開始經營糖果店的遣返者

移居臺灣、朝鮮、滿洲、關東州、薩哈林、千島群島、南洋諸島等地，而在戰敗後回到日本的遣返者，多達六百六十萬人。他們或回到故鄉，或住在都市，在日本各地展開新生活。就像前面所說的，他們當然會將遣返前生活地域的飲食文化帶回日本。從中國與滿洲國回來的人，在遣返者當中人數特別多。據說兩者都超過一百萬人，從中國遣返的多半是軍人，而自滿洲遣返者則以一般民眾居多。

或許重點就在這裡。這些曾揮別日本移居滿洲的人想要重新出發，其中想必有一定數量的人注意到可賣小吃，他們在黑市進行買賣、做攤販生意，或者想嘗試開店。《戰爭創造的社會叢書II：遣返者的戰後》這本書裡，介紹了遣返者集合起來建立組織、齊心協力做生意的樣貌。書中舉出一例：台東區上野的「糖果橫丁」，[4]之所以

4　譯註：「糖果橫丁」就是臺灣人熟知的阿美橫丁，糖果的日文發音是「ame」，音同「阿美」。

會被如此稱呼，就是在上野車站販賣冰棒的「下谷遣返者更生會」在思考冬天該賣什麼時，注意到了糖果。許多遣返者曾是南滿洲鐵道（滿鐵）的員工，有些人在國鐵找到了新工作，他們就靠著這條人脈得以使用高架橋下的空間。糖果店在砂糖不足的時代生意興隆，遣返者以外的人也跑到那附近賣糖果，於是就有了「糖果橫丁」的俗稱。

拚命殺出一條求生之路的遣返者中，出現了想要自己做生意的人。但本金有限，選項想必也不多。

我的祖父雖然不是遣返者，卻也是在戰後離鄉背井開始做生意。他說：「大家都餓著肚子，也渴望甜食。我猜想賣食物或賣甜的東西應該能賺錢，所以就開了甜點店。」當時我還是小學生，聽不太懂，但現在稍微能理解祖父雖然不是甜點師傅，卻為了開創人生而做出了現實的判斷。

連祖父都如此判斷，部分遣返者在萌生做生意的念頭時，會想要開餐飲店、靠著活用滿洲生活經驗的中華料理討生活，就某種意義而言是再自然不過的事。

要做餐飲生意，沒必要非得由自己擔任廚師。在戰後混亂期，除了戰前就住在日本的人之外，也有來自海外的人到這裡尋求新天地，尋找廚師應該不是什麼難事。現在的町中華幾乎都由日本人掌廚，但以前到處都有店家交由中國或臺灣出身的廚師來掌廚，很多經營者都向他們學習，記下料理做法。第二代經營者則繼承了前一代摸索的結果，根據日本人的喜好逐步改良口味。因此我認為早期町中華提供的料理，味道必定與現在大不相同。

遣返者帶回日本的料理中，受到歡迎的有在北海道蘆別市已經如鄉土料理般普及的「含多湯」，這道料理以豬骨和雞骨架湯頭為基底，加入蔬菜、肉類、蛋花，勾芡煮成濃稠的羹湯，還有現在已經變成盛岡名菜的「炸醬麵」，以及路邊攤販賣的夜鳴拉麵等。除了中華料理之外，辣味明太子與成吉思汗烤肉也被認為是出自遣返者之手的料理。

不過，拔得頭籌的還是煎餃吧！

煎餃奪走燒賣的寶座

煎餃作為戰後登場的新菜色，便宜又美味，吃了之後讓人活力滿點，彷彿要將戰前曾是經典料理的燒賣擠下寶座似地人氣水漲船高。前面介紹人形町的大勝軒本店時也提過，大勝軒本店未將煎餃納入菜單，並不是對燒賣特別有自信，而是因為創業時日本還不存在這道料理。

那個時代雖然連電視都沒有，煎餃卻已經透過口耳相傳頗受歡迎，到了只要是商人都不能忽視的地步。像大勝軒本店那樣的老字號另當別論，中等規模的店家絕對因此陷入煩惱。老闆娘便提出主意：

「餃子這麼受歡迎，我們要不要也來賣賣看？」

老闆一臉為難地思考：

「但是我們已經有燒賣了。要是兩個都賣，你會忙不來吧？算了，試試也無妨，我們就來看看餃子和燒賣哪種比較受歡迎。」

大分縣別府市的餃子專賣店「湖月」創業於一九四七年，神戶市的「元祖餃子苑」則始於一九五一年。即使將這段時間當成煎餃主流化的黎明期，但這時候餃子依然屬於新加入的菜色。雖然引進了煎餃，大眾已經熟悉的燒賣卻是從戰前就很受歡迎的菜式，不可能割捨。那就兩種都賣吧！雖然做起來辛苦，老闆依然決定兩者都放進菜單，觀察顧客的反應。

這樣的時代持續很久，我記得直到一九七〇年代後半，當時我還是學生時，儘管煎餃占優勢，依然有大半的店家仍同時賣燒賣。但是，煎餃既適合配啤酒，也適合做成定食，甚至在搭配套餐時也能當個好配角，氣勢完全沒有衰退的跡象。雖然還是有以燒賣聞名的店家，譬如從築地市場遷移到豐洲市場的「ＹＡＪＩ滿」，但單純提供燒賣的餐廳不知不覺減少了。

町中華尚且如此，在普通家庭裡，煎餃和燒賣想必更早就分出勝負。因為超受歡迎的餃子也以家庭料理之姿，在小孩子之間普及。我是一九五八年出生的，也記得在自己小學高年級左右，或者最晚也是在讀國中時，曾幫忙包過餃子。或許到我這個世代就已培養出說到餃子就是煎餃的概念，反而覺得水餃才是非主流。

我認為遣返者改變了戰後的飲食文化，這絕對不誇張。町中華界後來也引進了各種料理，卻沒有出現足以威脅餃子的單品。

但是，我也希望大家不要立刻就斷定燒賣敗給了餃子。燒賣的不幸在於需要蒸，所以才會在町中華變成小眾料理，也無法完全進入家庭料理當中。

放眼全世界，煎餃只在日本爆炸性普及。燒賣依然發揮正統派中華料理的實力。換句話說，燒賣將町中華交給了源自滿洲的在地料理煎餃，自己則在原崗位上滿足我們的味蕾，給人一種成熟料理的游刃有餘感……雖然我不知道是否真是如此，但身為町中華的粉絲，不能忘記對燒賣的敬意。如果發現有販售燒賣的町中華餐廳，就必須盡量點燒賣，傳達「燒賣還是很有戰力」的訊息，讓老闆放心。

關於燒賣先聊到這裡。因為煎餃大受歡迎，也讓許多人知道這是來自滿洲的滋味。有一家根據地在埼玉、主要在首都圈展店的町中華連鎖餐廳，名為「滿洲餃子」，會覺得這個店名聽起來奇怪的人一定很少。畢竟是賣餃子的店嘛，所以叫滿洲啊。

有趣的是，店家自己也巧妙地利用這個印象做生意。據說滿洲餃子創始人的哥哥是從滿洲回來的復員兵，他常聽哥哥說起餃子的事情。既然餃子不管當主食還是當配菜都一樣美味，在日本應該也會受歡迎。於是，他在一九六四年東京奧運舉辦期間開了一家中華料理店，並以滿洲國都市「滿洲里」命名；一九七七年改名為「滿洲餃子」，這個店名就沿用至今。

與滿洲有關的常用店名中，還有城市「哈爾濱」，日文片假名寫作「ハルピン」（Harupin）。其實正確寫法應該是「ハルビン」（Harubin），但不知道為什麼，用在店名就成了「ハルピン」。

我居住的松本，也有一家以中華料理為主的食堂使用這個名稱，不管怎麼看都是一間個人開的小店。不禁讓人想像，或許是某個人將店取名為「ハルピン」結果生意大好，於是到處都有店家模仿，後來即使是從滿洲回來的人開的店，也故意用「ハルピン」當店名。

這個名稱逐漸成了一種符號，大家對這幾個字的印象，逐漸以中華料理店的商標取代了地名。將滿洲國首都當成店名的「新京」（現在的吉林省長春市）也是如此。顧客看到這些店名，就會反射性地聯想到招牌料理應該是煎餃。即使到了現代，年輕世代已經對滿洲沒什麼概念，哈爾濱「ハルピン」依然通用，這點相當有趣。不過我也沒有資格說別人，畢竟直到這次調查之前，我只知道哈爾濱曾是滿洲國的都市而已。

放棄開花店，改做中華料理的松阿里飯店

時隔三年，我再度造訪松阿里飯店。餐廳仍佇立在東府中站前，看起來就和上次一樣，這讓我鬆了一口氣。愈來愈多町中華因為老闆年事已高等原因關店，即使網路上還查得到餐廳資訊，去到現場才發現貼著停業通知，這種情況也不在少數。

店家似乎也沒有特別推薦餃子，我就點

青椒炒雞肉定食。定食菜色每週更換，價位介於600到900日圓。

了青椒炒雞肉定食（參見前頁照片），然後再次觀察店內環境。店裡有一道拱型牆壁，隔開座位區與入口及收銀台，柔和的燈光從天花板與側面的牆壁灑落。酒紅色壁面是餐廳的基調色。這裡既然連宴會廳都有，當初開店時走的應該是中高級路線，還是說這是老闆的特殊講究呢……既然好奇，就問問店裡的人吧！

用餐完畢，我向來收盤子的女性提出採訪請求，得以更加詳細詢問我的疑問。這是她祖父母創立的餐廳，她自己現在幫忙外場，弟弟則成為第三代老闆負責做料理。

這家店在一九六〇年開業，已經是半個世紀前的事，當時還是平房。

當時是什麼樣的時代呢？整個社會正因為持續四十二個月的第二波經濟成長期而歡欣鼓舞，活力更甚一九五四至一九五七年持續三十一個月的第一波經濟成長期。皇太子夫妻的長子（德仁親王）誕生，能卡在手臂上的小黑人塑膠氣球娃娃大肆流行。[5]經濟白皮書在此四年前，便敘述「現在已經不是戰後了」。

一九七二年，平房拆除，松阿里飯店搖身一變成為現在的四層樓建築（一、二樓是店面，三、四樓是住家）。同年日本舉辦札幌冬季奧運，也發生了聯合赤軍攻擊淺間山莊事件。[6]當時景氣大好，石油危機導致物價暴漲是隔年一九七三年的事了。

創業短短十二年，松阿里飯店就從平房改建成樓房。無須再多加說明，也能想像松阿里飯店的生意有多好。

話說回來，這家店的誕生脈絡究竟為何呢？

「我的祖父母都是從滿洲回來的，我聽說他們在一九四一年（昭和十六年）被遣返日本。」

那年六月，日本在中途島之戰慘敗。[7] 能夠在戰敗前的時間點被遣返，或許是一件幸運的事情。

他們曾在滿洲的哈爾濱生活，第二代老闆就是在那裡出生的。原來如此，果然與哈爾濱有關。

5 譯註：原文「ダッコちゃん」，是日本一九六〇年代製造販售的一種塑膠氣球娃娃，造型特徵為四肢呈現如無尾熊般環抱狀的小黑人模樣。

6 譯註：一九七二年二月十九日，日本左翼激進組織「聯合赤軍」在逃亡期間，占據長野縣輕井澤町河合樂器製造公司的保養所「淺間山莊」，狹持山莊管理人妻子作為人質。十天後，以警方強行攻入解救人質告終。

7 譯註：一九四二年，美日海軍在中途島附近爆發的大規模海戰。此戰導致日軍蒙受重大損失，為太平洋戰爭轉捩點。

店內模樣。有榻榻米座位區與餐桌座位，
內部牆上是大幅的龍畫。

「您是問店名的由來嗎？詳細狀況我不清楚，或許對松阿里江有什麼回憶吧？他們在戰後不久就搬到東府中生活，祖父在立川的美軍基地工作，祖母則在現在的店面附近開花店。」

這對夫妻與餐飲完全無關，也沒有淵源，為什麼會開中華料理店呢？總有一天要一起經營餐廳，是她祖父母的夢想嗎？

「很可惜，並不是這麼戲劇化的發展。聽說有個中國人原本想在這裡開中華料理店，但是臨到簽約前就失蹤了。」

她的祖父母受到認識的屋主還是不動產業者哭著拜託，最後頂下店面。兩人都不會做料理，因此僱用了新的中國籍廚師，他們則負責外場與會計，成為餐廳經營者。哈哈哈！這個發展到底是怎麼回事啊？

「對啊，順水推舟就開了一家店，很驚人吧！」

就算這個店面適合開餐廳，但以現在的觀點來看，捨棄穩定的生活、完全沒有準備就轉換跑道，就毫無經驗地開始經營餐廳，依然是難以想像的行動力。人處在能夠相信明天的時代，會變得很有魄力呢！

而且，這家素人創業的餐廳竟然大獲成功。東府中有航空自衛隊府中基地，在基地工作的人成了常客，也把這裡當成聚餐與宴會的場地。當然，這一帶餐廳的數量較少也是原因之一，在附近公司工作的人也經常光臨。放棄基地工作與經營花店，這項挑戰結果賭對了。

「我不知道他們對於裝潢有沒有特別講究，但聽說連廚房前的那幅龍畫都維持當時的原貌，他們或許想要營造『中華』的氣氛吧（笑）！」

第二代老闆順勢繼承下去，第三代老闆也從二〇〇〇年開始負責料理，這是松阿里飯店首度由老闆掌廚。

「我也不知道這間餐廳能做到什麼時候，但既然現在弟弟有了經營的熱情，我們就想繼續努力。」

雖然姊姊沒什麼自信，但在缺乏後繼者的町中華界，由第三代接棒是少見的案例。希望他們能以家族經營的形式克服萬難。畢竟在餐廳貧乏的東府中，只有這家店依然守著町中華的燈火。

熔爐般的都市哈爾濱，竟充滿町中華式的混沌!?

雖然得知了這家店的來龍去脈，不過那位姊姊遠比我年輕，問到滿洲就不清楚了。但關於滿洲的事，依然令人好奇不是嗎？

所以我試著去找資料。松阿里江（松花江）流域的主要都市有吉林市、哈爾濱市、佳木斯市。松阿里飯店第一代老闆住過的哈爾濱，是個什麼樣的地方呢？

其實我對「松阿里」這個店名有印象，但不是町中華餐廳，而是同名的著名俄羅斯料理店。這家店開在新宿一帶，不過一九五一年開業時是位於新橋。餐廳創始人是歌手加藤登紀子的父母，他們也在哈爾濱生活到戰爭結束。哈爾濱有許多俄羅斯人，因此他們也會說俄語。現在的老闆加藤登紀子也是在哈爾濱出生的。

哈爾濱為什麼會有俄羅斯人呢？接下來就有趣了。當時的哈爾濱，是世界少見的大熔爐。

十九世紀末，世界列強開始侵略中國，俄羅斯作為其中之一著眼於滿洲，將據點哈爾濱建設成猶如「東方莫斯科」的新都市。這裡原是中國人生活的地方，而這座新都市建造於此，所以就算處於俄羅斯支配之下，依然混和了中國的文化。

但是，混和了中國與俄國文化還沒完。一九三二年，滿洲國建國後，統治這塊土地的日本闖入了中俄兩國之間。建造新市鎮的計畫正一步步進行，修建街道與廣場，俄羅斯正教會教堂與醫院林立，也劃定中國人的商業區及居住區。在新都市建設當中，日本、中國與俄羅斯人便混雜在一起生活。

虛幻的「東方莫斯科」最終沒能實現，但關東軍對滿洲有強大的影響力，並注意到哈爾濱的先進程度，並策劃成立以都市建設為目標的公司。為了讓哈爾濱成為國際都市，甚至還計畫建造如巴黎紅磨坊般的劇場，還有賽馬場與賭場，相當令人驚訝。

人與人之間的往來，也帶入飲食文化交流。皮羅什基（pirozhki）餡餅在俄羅斯多半是烤來吃的，到了哈爾濱也成了油炸食物。皮羅什基餡餅戰後傳到日本時，甚至發展出以中華料理的冬粉為餡料的形式，成為日本人所認知的「皮羅什基餡餅」，逐漸在日本普及。而俄羅斯料理店「松阿里」，在其中扮演了核心角色。

不過，這終究只是改良後的哈爾濱風皮羅什基餡餅。多數日本人聽到皮羅什基，腦中浮現的都是類似咖哩麵包的油炸餡餅，裡面包著絞肉、洋蔥、冬粉等餡料，但若把這個食物拿給烏克蘭出身的俄羅斯餐廳老闆看，他立刻回答「這才不是皮羅什基」。據他所說，皮羅什基餡餅在俄羅斯西部是一種烘焙食物，他沒吃過油炸的。

換句話說，炸的皮羅什基餡餅融合了俄羅斯與中國的飲食文化，演變成適合哈爾濱風土的口味。皮羅什基餡餅在俄羅斯不只是當地人熟悉的家常麵包，也被視為重要的傳統料理。儘管如此，皮羅什基餡餅還是搖身一變，成了中華風料理。

煎餃則與皮羅什基餡餅相反，是傳來日本之後才變成主流食物。據說餃子在中國通常以蒸煮的方式烹調，幾乎不會煎來吃。在餃子餡料中加入大蒜，也是傳來日本之後的事。

哈爾濱這座大熔爐，或許就是令日式中華與日式俄羅斯料理誕生與發展的源流吧？不只是單純模仿，還加入巧思，讓這些料理演變成獨特的滋味。雖然我不禁懷疑，關東軍想把這裡建設成歐風尋歡場，到底是有多得意忘形，但哈爾濱這座都市，絕對擁有讓人懷抱夢幻構想的魔力。

我透過文獻與網路調查哈爾濱時，一瞬間恍然大悟。俄羅斯人的建築採用文藝復興與新藝術運動樣式，看起來和松阿里飯店的裝潢很像。店裡使用的照明，要說是新藝術運動風格的壁燈也說得通。雖然這也可能是我的錯覺……

松阿里飯店創始人夫妻在改建店面的時候，或許是一邊回憶滿洲，一邊討論著店名該怎麼取、裝潢該如何設計吧？他們浮現腦海的是哈爾濱的建築與風景，並根據自己的

松阿里飯店的店內照明，光線柔和。

想法重現。他們使用壁燈作為照明時，應該是抱持這樣的想法吧？

他們兩人想必在那塊土地上有過幸福的回憶。我想他們順勢開始經營中華料理店時，就決定使用象徵哈爾濱的專有名詞「松阿里飯店」做為店名。

【町中華小知識】

町中華店名為何都很像？

很多町中華的店名都會冠上地名，而除了地名之外，首推「軒」字特別引人注目。「軒」真的很多，其次是「亭」或「樂」吧？「來來軒」、「幸味亭」、「喜樂」給人的印象就很町中華，但這些字也很常用於拉麵店的店名。為什麼呢？

在某段時期以前，拉麵店與町中華沒有太大的區別。拉麵店只賣拉麵是相對近期的事。直到昭和時期即將結束時，以拉麵店自稱的餐廳也會提供炒飯與定食，拉麵店與町中華之間的差別，多半來自於菜單組成是以麵為主體，還是均衡地加入飯類及單點料理。

在我的記憶裡，一九七〇年代席捲全日本的札幌拉麵連鎖店「道產子」也賣炒飯；七〇年代後半，在東京擁有愈來愈多分店的「沾麵大王」，也提供齊全的飯類料理。當時世界上還沒有拉麵愛好者的身影，拉麵這種食物也不像現在這麼了不起，因為在大眾中華料理店這個粗糙的分類底下也包含了拉麵店。

後來人氣沸騰的拉麵，在昭和時期即將結束時逐漸往專賣店的方向發展，直到現在。町中華與拉麵店的根源相通，所以店名重疊也不難理解。附帶一提，我沒看過町中華使用蕎麥麵店常見的「庵」，或許因為「庵」的和食印象較為強烈。

「軒」、「亭」、「樂」之間沒有明顯的等級之分。整體而言，町中華的名稱以容易記住為主，不太花什麼心思，才能毫無阻礙地融入街區。譬如「喜樂」是受歡迎的店名之一，我打探這個名稱的由來，得到的都是「聽起來很喜氣」、「希望顧客能夠輕鬆愉快地前來用餐」之類的回答。看來老闆取名多半是靈機一動，背後沒有什麼深意。

店名當中勢力最龐大的用字就屬「華」了，中華的「華」。譬如「中華料理．美華」就是常見的店名，但才短短幾個字就用了兩個「華」，老闆似乎就是想告訴大家自己賣的是中華料理，滿腦子想的只有這個。此外，町中華店名也會使用「福」字，雖然數量略少。「福」能夠討個吉利，正統中華料理也經常使用，因此或許是有意識地使用這個字命名。

談到能誇耀中華風格的字眼，當然也不能忘記「龍」。金龍、銀龍之類的名稱，就是經典的町中華店名。「番」字，則以一番、十八番、五十番最常用，其中的命名邏輯，應該也是以親切感為優先考量。探險隊稱這些店為「數字中華」。有些「數字中華」應該是靠著開分號擴大勢力範圍，但就遍布全國各地這點來推測，想必也有不少店家是隨意取名。町中華對於店名不太講究，如果是以頂下店面的方式創業，甚至有不少業者會直接沿用原店名。附帶一提，日本各地都能看到的「五十番」，採取的模式似乎是向「神田五十番」買下登錄商標「中華料理五十番」的店名使用權。共通點只有店名，其餘的就由各店獨自經營。

上述把我想得到的店名都列出來了，除此之外，還有在其他地方常見、町中華卻不常用的店名，那就是人名，譬如「中華料理．北尾」就很少見。町中華的老闆都不愛出風頭。不喜歡以這種取名方式獲得關注，是町中華的特徵。

町中華默默地在車站前開店等待顧客，而不重視店名是否能令人印象深刻。車站前的町中華餐廳標準大小，約為一個吧檯加上四張桌子，大概二十到三十個座位。小車站附近通常會有兩家這樣的店，人潮較多的地方會有大約

三、四家。町中華的顧客，往往會光顧自家與車站必經之路上的店家，猶如便利商店。因此，即使兩家町中華僅隔著馬路面對面，也能同時並存。

拉麵專賣店為了展現與對手的差別，愈來愈多拉麵店在取店名方面下功夫，町中華卻沒有這種傾向，因為不只町中華老闆本身不在意，顧客也是如此。東京都三鷹市的「一番」，十年前招牌被強風吹掉後，就沒再換上新招牌，持續營業。我問過老闆，老闆表示今後也沒有掛上新招牌的打算。他說：「換招牌要十萬日圓以上啊。反正來的都是附近的客人，即使沒有招牌，大家也不覺得有什麼問題。」

有些顧客都去吃了好幾年，依然不知道店名，反正也沒必要知道。這就是町中華的勳章。

四、美國的小麥改變了日本人的飲食生活

從町中華一窺戰後

透過上述考證，我們可以看到町中華的根源，分別來自從戰前就開始經營的中華料理店、戰後到東京打拚的人，以及從滿洲回日本的遣返者。他們以能力所及的方法，從戰敗中重新出發，埋頭往前邁進。於是中華料理店逐漸增加，這就是「町中華的黎明」。

如此發展下去，戰前組、上京組、遣返者將各自沿著自己的路線前進，不會整合在一起。

但實際上，不同源頭的支流最後合而為一，成為我們稱之為「町中華」什麼都賣的中華料理店。即使手上沒什麼資金，只要腳踏實地去做就能開業。

這裡面必定發生了在各支流背後推了一把的事件，驀然回首才發現是一個轉捩點。

到底是什麼事件呢？這就是接下來的謎團了。

「這稱不上什麼謎團吧？立下功勞的就是拉麵。緊接在混亂期之後，高度成長期來臨，泡麵出現了，杯麵大受歡迎，甚至連拉麵專賣店也登場，成了國民美食。町中華也順應這股潮流生意大好，店也愈開愈多不是嗎？」

有的昭和大叔可能會像這樣兩三句話就解釋完畢。的確，戰後大致的趨勢或許就是如此。許多大叔在家庭餐廳與連鎖店數量有限的青春時代，三天兩頭到中華料理店吃重口味的食物，親眼見證店裡人滿為患、新餐廳一家接著一家開幕的榮景，才覺得自己知道答案吧？

但是，我有一個想法。我想要更了解町中華，超級老字號先姑且不論，我將町中華發跡的起點設在戰爭剛結束之時。只要追溯在此之後的脈絡，絕對能從町中華一窺戰後景象。

昭和時期誕生的飲食文化當中，有家庭餐廳類型，也有連鎖加盟店類型，也許還有更多種分類方式，但某種程度而言，這些都是在社會發展上軌道後，參考國外的成功模式才竄升發展的類型。但町中華在這方面就和其菜色一樣，成了日本獨自演化出來的類別。町中華從底層逐漸往上爬，擁有在其他餐飲類型看不見的鮮活歷史。哎，雖然可能是一部充滿偏差的戰後史……

關於從町中華一窺戰後，我們一方面覺得自己好像懂，另一方面卻也有我們所不知道的、或是差點遺忘的事。我在訪問下北澤丸長的時候就頗受衝擊。差不多半世紀前的下北澤丸長，曾僱用中學畢業就從鄉下來東京打拚的十幾歲年輕人。我不清楚那個時代的町中華風貌，但我從一九七〇年代後半成為町中華的客人，由此可推算，為我服務過的員工都在二十歲左右。說起町中華，一般人很容易想像成樸實經營的家族小生意，但原型並非如此。這件事已完全從人們的記憶中消失了。

為什麼不是日式餐點，而是中華料理？

接著往下說吧！到了一九五〇年代，終於從戰後的混亂中稍微恢復秩序，堪稱町中華原型的餐廳自然而然誕生了。譬如戰後做黑市生意的人存到錢之後就開店的模式，這時開一家拉麵店就會是選項之一。當時可不是把「我想要將拉麵鑽研到極致」或「我想推廣中華料理」這類夢想掛在嘴邊的時代，該怎麼做才能活下去，才是最優先的考量，而拉麵與中華料理就是既容易入門，又有機會成功的一門生意。

不知不覺間演變成町中華的餐廳也不在少數，就我所知，新御徒町的「今村」，就是從在戰後黑市賣滷牛雜開始的。老闆碰巧有肉類的進貨管道而著手嘗試賣滷牛雜，結果一開張就顧客雲集，生意一飛沖天。

不久之後，「熱騰騰又有營養」的拉麵逐漸受到歡迎，今村老闆取得黑市流通的麵粉，嘗試製作拉麵，結果又大受歡迎，於是在昭和二十年代後半開了一家以拉麵為主力的食堂。肉類的進貨管道依然健在，於是今村就靠著拉麵與炸豬排這兩道招牌料理，培養出更多常客，發展成深具獨特性的餐廳。

至於荻窪的「壽食堂」，則是第一代老闆在吉祥寺黑市的食堂邊工作邊存錢，十年之後自己出來開的店，就如店名所示，創立時原本是一間販賣烤魚等料理的「食堂」。雖然也提供拉麵，但稱不上主力。他們提供顧客要求的料理，沒想到其中中華料理的比例逐漸提高，因此趁著交棒給下一代的機會更新了菜單，更接近我們想像中的庶民中華料理樣貌。或許是食堂時代餘緒，壽食堂的炸竹筴魚至今仍是一絕。

今村和壽食堂兩家店，都沒有把開中華料理店當成起始目標，而是在拚命工作中不知不覺就成了「町中華」，這真是充滿希望的頑強力量。如果問今村與壽食堂，你們難道沒有身為廚師的驕傲與講究嗎？想必會被這樣堵回來：「不知道呢，如果靠驕傲能有飯吃就會這麼做囉！」

除了從黑市生意到開餐廳之外，也有其他路可走，就是經營路邊攤。

拉麵攤販崛起是一九五二年之後的事，當時解除了因為糧食缺乏而實施的麵粉管制。據說拉麵之所以普及，是因為出現了將麵條、湯頭甚至容器連同攤車成套租借的業者。只要繳納部分營業額，就可以開始做生意，因此沒有經驗也能拉攤車（租借攤車做生意）。就算出租業者會從營業額中收取分潤，拉攤車還是能賺到不少錢。這種體系不需要創業資金，便不難理解會有許多志願者願意投入。

吹著嗩吶並在街上移動的拉麵攤車，後來也稱之為「夜鳴拉麵」。在我小時候，只要逛鬧區就很常看到拉麵攤車。到了一九八〇年左右，我在東京度過學生時代，晚上在重點車站前也會有一、兩家拉麵攤車出沒。我住的杉並區阿佐谷也有拉麵攤車，雖然湯頭不到震驚味蕾的深厚滋味，卻莫名美味，我時不時就會去吃。總會有拉麵路邊攤因深受歡迎，而做到擁有自己的店面吧？

町中華就是在戰後貧窮時代，由飽受糧食缺乏所苦的日本人創造的新型態庶民食堂。那麼，為什麼不是日式餐點，而是中華料理呢？

難道是因為熱量高又能溫暖身體的拉麵成為黑市的受歡迎料理，所以大家趨之若鶩？覺得乾脆開拉麵店好了？可是畢竟開店地點在日本，考慮到未來發展，還是會覺得開日式食堂比較好吧？

沒錯，會開拉麵店的關鍵，就在於沒有米。戰爭期間就已缺米，戰爭結束那年與隔年的歉收，更讓缺米情況雪上加霜，配給量更是極其稀少。黑市裡流通的米，甚至以高達配給價格三十倍的高額進行交易。然而，此時也完全沒有除了米之外的其他穀物，大家都在飢餓與營養不良中掙扎。

在這種情況下，理應不會只有拉麵的材料——麵粉——得天獨厚、得以大量取得。日本直到戰前都是以米為主食的國家，麵粉產量原本就不多，即使庫存量流入市場，數量也有限。光憑這些庫存量，實在很難想像拉麵能夠遍及全國並大受歡迎，其中必定存在什麼理由。

事實上，市場上流通的並不是日本國產麵粉，而是美國麵粉。

原來如此，這樣就能理解了。GHQ（盟軍最高司令部）在一九四五年至一九五二年統治日本，日本實質上處在美國的支配底下，此時透過美國的管道取得麵粉也是理所當然。我們都多少明白，戰後日本人會開始吃麵包、飲食生活急速歐美化，同樣也是受到美國強烈的影響。

戰後的日本不只缺乏糧食，連錢也沒有。日本政府在思考該如何解決糧食不足問題時，認為若能不斷進口穀物，國民就不會遭飢餓之苦。儘管辛苦萬分，糧食狀況還是因此逐漸改善，以麵粉製作的主食逐漸增加，可想而知其背後存在政治理由。

因此，就讓我們一邊回顧當時情況，一邊梳理與町中華誕生密不可分的「麵粉之謎」吧！

GHQ的統治與「LARA物資」

美國政府與GHQ的首要之務，就是日本的非軍事化與民主化。首先實行的是《治安維持法》，並廢除特高（特別高等警察）、釋放政治犯等。接著是解放婦女、鼓勵組織工會、學校教育等民主化措施。解散財閥、農地改革也接二連三進行。

雖然美國也提供日本糧食援助，但他們最初想到解決糧荒的方法，是增加日本國內的生產量，對於援助並不是那麼積極。然而日本國民為飢餓所苦，完全沒有多餘心力等待糧食增產。

反而是美國慈善團體基於人道救援立場，首先注意到了糧食問題，這個團體是俗稱的「LARA物資」（LARA，Licensed Agencies for Relief in Asia〔亞洲救援公認團體〕縮寫）。LARA物資在一九四六年至一九五二年間，日本最困苦的時候，送來了食品、衣物、醫藥品等救援物資。這些物資幫助極大，日本都會區從一九四七年開始使用這些物資供應學校營養午餐，提供日後大眾熟知的橄欖形餐包與脫脂奶粉。

知道熱水沖泡的脫脂奶粉是什麼味道的，頂多只到一九五〇年代出生的世代吧？現在學校營養午餐菜色更豐富了，但在一九六〇年代中旬，我在福岡市就讀小學低年級，是喝脫脂奶粉長大的最後一個世代（在東京之類的都會區，即使是同世代人，也有很多人沒喝過脫脂奶粉）。小孩子多半討厭脫脂奶粉那種獨特的氣味，但如果剩下來就會被老師罵。如果有男孩子不厭惡脫脂奶粉，連別人的份也能喝完，就會被當成小英雄。

因為，我們每天早上都在家裡喝過宅配的鮮奶了啊。在這十幾年裡，飲食狀況早已大幅改善，在家裡抱怨營養午餐卻會遭到嚴厲斥責，這是因為對經歷過困苦時代的父母來說，「吃剩」怎麼看都屬於奢侈行為吧？

LARA物資是慈善事業，所以不要求回報。他們純粹想幫助遭遇困難的日本人，這種精神很了不起，接受幫助的一方也由衷感恩。而且，這些物資都優先用於肩負日本將來的孩子身上，別具意義。我們這些小孩子都不知道這些，就只顧著耍任性。

LARA物資的使用方式，也帶給美國重要的啟示。GHQ原先認為日本必須靠自己的力量解決糧食問題，此時態度也軟化了，開始協助這項援助事業。

為了推廣學校營養午餐，ＬＡＲＡ物資不足的部分，就由美國以低廉的價格給予援助吧！於是，美國在一九四六年送來第一批三十四．六萬噸的小麥後繼續追加援助量，一九五〇年就有一六五．六萬噸小麥進到日本，轉眼間就增加到四倍以上。ＬＡＲＡ物資的成效，再加上美國加碼，日本彷彿期待已久般對這些小麥飛撲而上。

這些小麥並非全部產自美國，而小麥的進口量直到一九八〇年左右都持續增加，一九六〇年為兩百六十六萬噸，一九七〇年為四百六十二萬噸，一九八〇年為五百五十六萬噸，後來雖然有增有減，但在二〇一四年還是達到了六百零二萬噸。相較之下，日本國內小麥產量在一九六一年達到一百七十八萬噸的高峰，之後就持續減少，一九七三年甚至減少到二十萬噸。後來雖然產量恢復，但觀看二〇一四年的數據，頂多只有八十五萬噸。日本的小麥幾乎完全仰賴進口了（資料引自日本農林水產省官方網站）。

這種明顯的進口依賴，令人無法苟同。但從町中華的角度來看，就是因為大量進口廉價的小麥，才能迎向繁榮的時代，所以也不完全是壞事……到底是好還是壞啦！

講到這裡，終於要談談拉麵了。美國進口小麥不只用在學校營養午餐，也進到市場，部分小麥則流入黑市管道，開始用於製作在黑市頗受歡迎的拉麵。小麥的進口量逐年增加，民眾也就能以相對便宜的價格吃到拉麵。

ＧＨＱ似乎也知道這件事，卻睜一隻眼閉一隻眼。雖然我覺得他們只是不太在意拉麵而已，但身為町中華的粉絲，只能說：「感謝諸位的寬宏大量，真是太英明啦！」

使用麵粉製作麵類料理需求量增加，製麵所也不再只桿製從戰前就是麵食主力的蕎麥麵與烏龍麵，也致力於製作中華麵。若是製作的麵條賣得好，製麵所的產量自然就會增加。於是學校營養午餐的麵包，以及在黑市大受歡迎的拉麵，就以新興勢力之姿取代白飯嶄露頭角。

不過，小麥的話題並非到此為止。小麥在日本得以販售，是作為糧食援助的一環，而非靠著強迫推銷，這對美方而言也別具意義。

原以為終於要聊到拉麵，卻又離題了。如果有讀者對此感到不耐，我深感抱歉，但希望大家再稍微忍耐一下。因為這部分雖然無聊，卻是重點。我想各位只要繼續閱讀，就能明白美援小麥與町中華的關係。

正中美國下懷

日本的小麥需求量以ＬＡＲＡ物資為契機急遽成長。美國看在眼裡，有什麼想法呢？美國想的是，該怎麼做才能更加提高日本的小麥需求？該採取什麼樣的戰略，才有利於日後的本國貿易？其實，美國正因小麥多到不知道該如何處理而煩惱。

美國的農作物在機械化發達的廣大土地上生產，在一戰和二戰時大量用於協約國與同盟國的軍糧，對小麥的需求因此成長。大戰結束後，也實施通稱「馬歇爾計畫」的「歐洲復興計畫」，得以透過大規模的糧食援助，確保美國本土農作物的銷貨管道。

然而，一九五〇年爆發韓戰，三年後戰爭結束，上述狀況也從這時改變了。針對軍糧的需求消失，歐洲各國逐漸恢復到能自己生產糧食的地步，小麥的出口不再如意料中順利。對美國而言，為了保護本國農業，當務之急便是尋找新的農產品出口對象。

另一方面，日本靠著LARA物資與美國的進口，總算度過當下危機，GHQ的統治也結束了，正要進入高度經濟成長期，但當時吉田茂內閣的自由黨席次減少，政治情勢並不穩定。就美國的角度來看，日本的狀況是絕佳機會。他們以糧食援助的名目，與日本簽署協定，將五千萬美元的剩餘農作物出口到日本，約定日本國內販賣所得的資金中，四千萬美元歸美國所有，用於調度軍事計畫所需的日本物資與服務，一千萬美元則歸日本所有，用於復興經濟。

這筆錢也與成立自衛隊有關。美國不是單純推銷農作物而已，也將販賣所得使用於增強軍備，企圖強化亞洲的防守能力。

美國將日本與其他因糧食缺乏而苦惱的開發中國家，視為有潛力的出口對象，為了進一步推動出口剩餘農作物的計畫，美國於一九五四年在議會先通過公共法案480計畫（Public Law 480 Program），制定了絕佳條件：貿易時可使用當地貨幣，不需使用美金，而且能夠進貨後付款。

這條法案看似大方，但美國的如意算盤是確保能長期出口農作物，順利處理掉已造成美國本土問題的剩餘農作物。即使無法立刻獲利，只要出口對象的小麥需求量增加，總有一天不僅能夠回收利潤，還能為本國帶來利益。因此美國也不忘附加條件：將部分銷售費用用於農作物宣傳與市場開發。

美國政府這麼做屬於國家戰略，與單純的LARA物資支援活動層次完全不同。美國追求的不是眼前利益，而是建立長期計畫。對於無論如何都需要糧食的國家而言，猶如吊在鼻尖前的紅蘿蔔。

響應此貿易模式的國家，包括義大利、尚未解體的南斯拉夫、土耳其、巴基斯坦、日本、韓國、臺灣等。我雖然不清楚別國的狀況，但日本在這時可說是完全被美國的小麥戰略牽著鼻子走。當時已有將麵包引進學校營養午餐的基礎，日本民眾也不容易產生反彈。

小孩子記住了麵包的美味，日後也會繼續吃麵包。由於麵包與味噌湯不搭，配菜也不再只有日本料理。雖然ＬＡＲＡ物資基於善意所送來的小麥，以這種形式與美國政策結合而令人感到諷刺，但日本仍正中美國下懷，逐漸成為小麥的進口大國。

行駛在街上的行動廚房

繼孩童之後，美國的下一個目標是誰呢？終於輪到拉麵了嗎？可惜並不是。雖然景氣好轉，街上的中華料理店變多，拉麵也愈來愈受歡迎，但比起這些外食領域，還有更大的目標吧？

這個目標就是「家庭」——家裡負責掌廚的女性。如果西式料理開始流行，更多人吃麵包，小麥的消費量也會提升。那麼，該怎麼做才能達成這個目標呢？

這時候，美國律師兼市場分析師理查·鮑姆（Richard Baum）登場了。他在一九四八年來到日本，將日本視為有潛力的小麥進口國進行調查。後來鮑姆在一九五四年再度來日本做市場調查，這時他注意到了一輛為了料理講習，而使用大型巴士改造成的行動廚房。

行動廚房的目的是改善國民營養，接受講習的對象是家庭主婦，但這項計畫因資金遭遇困難而觸礁。鮑姆聽完說明，對這項計畫相當感興趣，因此厚生省（現在的日本厚生勞働省）官員提議，如果美國願意提供金援，就能使用行動廚房協助推廣小麥，結果這個提議真的實現了。在當時電視都尚未普及的時代，鮑姆想必判斷實際示範料理的方式，能最有效改變一般家庭的菜色吧？

日美共同推行的營養改善運動，在一九五六年展開大型宣傳。從打造行動廚房、拍攝麵粉產品宣傳電影、料理講習會補助，到專任職員聘僱費，這些活動的資金都由美國準備。而美國開出的條件，則是食材必須使用美國產的小麥與大豆。

不要小看料理講習會。行動廚房的數量為十二輛，在五年內跑遍日本全國各地兩萬個會場，相當於每輛車一年出動三百三十三次，可說是火力全開。

各位或許覺得這種活動挺無聊的，但動員力可不是在開玩笑。如果每個會場可以聚集一百人，光是講習會的參加人數就多達兩百萬人。參加者可在會後的試吃會品嘗在講習會上學到的料理，再者，如果那些主婦依照學到的食譜在家裡做給家人吃，那體驗過這些料理味道的人數就瞬間翻了好幾倍。

鮑姆想必深知，體驗新奇料理將成為一種強大的娛樂活動。菜色範圍廣泛，從咖哩手抓飯與燉菜等西式料理到中華料理，應有盡有，對庶民而言許多菜色都很稀奇。行動廚房的料理也大量使用番茄醬、美乃滋、淋醬、辛香料、化學調味料等傳統餐點中不常出現的調味料。對當時的日本女性而言，體驗與品嘗這些滋味既新奇又時髦。

當然，家庭主婦之間的資訊交流情況，也無疑地熱烈無比。當行動廚房英姿颯爽地出現在農村地區時，消息馬上就會傳遍全村。行動廚房對於日本的食品廠商而言，想必也是絕佳的宣傳機會，他們必定會致力開發新產品。

鮑姆靈光一現（？）發起的行動廚房作戰，就這樣大獲全勝。站在廚房的女性，是否就在嘗試各種「新潮食譜」中，喚醒了洋食味覺呢？

美國就透過這種乍看之下繞遠路的方法，掌控了日本人的飲食生活。寫到這裡，不禁為了這種近乎卑鄙的巧妙戰術而嘆息。但既然腸胃完全掌握在別人手上，就沒有任何抵抗的辦法。

拉麵成了小麥消費的成長股

一旦開始思考街上為什麼會有愈來愈多中華料理店的背景，我就停不下筆，結果寫了一大篇關於美國小麥戰略的說明。那麼，拉麵為什麼會成為在黑市受歡迎的料理，最後甚至催生出庶民導向的中華料理店？明明缺乏糧食，作為拉麵原料的小麥又是從哪裡取得的？原來其背景與美國的對日戰略密切相關。

美國致力於推廣營養午餐的麵包，並讓洋食融入日本家庭，使原本在日本傳統飲食中沒什麼存在感的麵粉大受歡迎，提高對日本的出口量。不管是拉麵還是烏龍麵，只要能夠消費小麥什麼都好。大概是「製麵所啊，努力做生意吧！」這種感覺。

拉麵完美回應了這種期待。拉麵原本就頗受歡迎，擁有相當高的發展潛力，只要能夠確保原料充足就萬事大吉。如果小麥能以低價供應，更是如虎添翼。以販賣拉麵與煎餃為主的店家，出現了勝算。

原本應該是主流的白米，在當時仍難以取得。既然如此，那就賣中華料理吧！想要賭一把的人彷彿在全國各地齊聲吶喊「就是現在」。於是到了一九五〇年代左右，掀起了第一波中華料理開店熱潮。

我認為，町中華餐廳在開創之初，並沒有「我就是想開這種店」的概念，而是手上握有拉麵這個主角的各店老闆，在摸索該怎麼做才能生意興隆時，莫名其妙就建立起這種餐館型態。從黑市開始的生意自然如此，就連那些戰前開業的中華料理店，也可能因為在戰爭中被燒得精光，而落入必須從零開始重新出發的境地。

在這種情況下，拉麵可說是唯一的共通點。這麼受歡迎的料理，當然不能遺漏。這些中華料理店從賣拉麵開始，逐漸發展成有的餐廳主推餃子，而有的餐廳憑炒飯獲得好評。至於麵類則逐漸出現各種變化：只賣拉麵就太單調了，或許可以試試豆芽麵，什錦湯麵似乎也不錯。後來能夠取得豬肉了，稍微豪華的叉燒麵也加入菜單陣容。

有些店家不只恢復了戰前就有的菜色，也開始為那些飢腸轆轆的傢伙增加分量，或是開賣中華定食。如果中華定食賣得好，也會加入和食中的丼飯，因為丼飯即使出現在中華料理菜單也似乎沒什麼奇怪，然後趁機把洋食裡的咖哩飯與蛋包飯拉進菜單陣容，也是理所當然。既然如此，乾脆順便賣甜點好了。

菜單裡絕對有拉麵，所以這類型的餐館大致上都還是稱「拉麵店」，但也有客人隨口叫「麵店」，店家也不在意怎麼稱呼。在社群媒體上有人留言：「我不喜歡叫『町中華』，叫『拉麵店』就好了。」留言的人大概比我年長吧？我想他必定是在站前擠滿拉麵專賣店之前，就成了町中華的常客，所以「拉麵店」這種稱呼才會深植於心。

至於口味方面，我想即使是一碗麵湯，每家店的味道也都不一樣，尤其在開創初期更是如此。從戰前就由職人或正統廚師大顯身手的店家另當別論，那些創業時等同於素人的店家，只能用自創的湯頭做生意，真是大膽。而這些店的麵湯與其說是濃醇，不如說是油膩。

油膩也無所謂。那些飢腸轆轆的男人追求的是以強勢的重口味帶來飽足感，成為他們的精力來源。雖然有人會用什麼「懷舊的中華麵」來形容雅致的湯頭，但這都是後話，當時可沒人想吃這種口味。對我們的味覺而言過於油膩的食物，才是當時的主流吧？

町中華也有不可思議的食物。炒飯搭配味噌湯？這種程度稀鬆平常。甚至還有附上豬肉味噌湯的店家，而且還非常美味，我甚至會為了豬肉味噌湯光顧。完全沒問題，一點也不奇怪。

還有店家在菜單上寫著「茄汁雞肉炒飯」，用的卻是豬肉，如果來的不是常客，點餐時還得跟他們確認：「我們用的是豬肉，可以嗎？」不管怎麼想，這道「茄汁雞肉炒飯」都是「茄汁豬肉炒飯」，但老闆既不打算改變名稱，也不打算改變肉的種類，好幾十年來都打著雞肉名號賣豬肉。既然老闆覺得「這就是我們的茄汁雞肉炒飯」，那就這樣吧！我們也沒有插嘴的餘地。

都進入二十一世紀了，町中華態度依舊如此。我根本無法想像一九五〇年前後那段時間，町中華究竟是什麼樣子，說不定到處都有菜色更古怪的店家。我想當時的町中華餐廳應該更敢嘗試突發奇想的新菜式，或是顧客可能會喜歡的餐點，如果有店家賣起麵包也不足為奇。我敢打賭，或許早就有町中華餐館推出過三明治了。

不過，顧客對這些菜色敬而遠之，於是逐漸遭到淘汰。反之，大家都模仿流行的料理、調味方式、店面設計，町中華業界樣態就在不知不覺間逐漸統合起來了……

町中華配合日本經濟起飛的步調發展，同時也與美國正式推動小麥戰略、不斷將小麥出口到日本的時機重疊。

五、「那個」調味料成為町中華口味的關鍵？

吃完町中華料理後，想來一杯咖啡的理由

我擔任町中華探險隊隊長所從事的活動，就是平日白天召集有志之士，開始探訪在地的町中華，並在部落格等地方寫下紀錄。如果集合地點在新宿區的四谷，就稱為「四谷行動」之類的，我不吃早餐，做好準備就急忙趕去。隊員忙碌的時候，我就專注於個人行動，但和其他人一起就能品嘗到更多料理，探險氣氛也更濃厚。

寫成「活動」，各位可能會想像成正式的調查，但只不過是在各個隊員感興趣的店用餐，沒制定什麼大不了的規則。不過，唯有一個習慣從成立當初持續至今，那就是餐後會找家咖啡廳集合以「去油解膩」。

為什麼是咖啡廳呢？說來話長，請聽我娓娓道來。

町中華的料理，該說是「重口味」嗎？總之就是要又濃又鹹才受歡迎。顧客追求的

是便宜且吃得飽的重鹹餐點，如果在意鹽分什麼的，就無法維持那份吃得爽快的滿足感。

「現在不是追求重口味的時代了，明明可以改成溫和的低鹽調味。就是因為不求改變，町中華才會衰退。」

如果有人這麼想，他一定不熟悉町中華。町中華從過去至今，都以學生、單身上班族、揮灑汗水的勞工為主要客層，要讓這些人滿意，重鹹口味是必要的。雖然最近町中華得到媒體報導的機會增加，女性之間也開始會使用「町中華」這類的詞彙，但如果去到町中華餐廳，你會發現在店裡用餐的絕大多數仍是男性。牛丼連鎖店一般被認為客層與町中華重疊，所以調味變清淡了嗎？低價咖哩連鎖店的調味，改選了溫和的路線嗎？應該沒有吧。

男性們能夠接受的，就是重到不能再重的調味。我想這是超越時代的真理，而不是願望。吃過這麼多家店之後，我發現町中華數量一年比一年少，固然是因老闆年事漸高等理由，但餐廳本身的受歡迎程度依舊穩定。

如果無視需求，調整成更溫和的口味，町中華的核心顧客絕對會離開，如此一來會一口氣邁向衰退。町中華老闆明白這點，以常客都難以發現的程度微調減少鹽分。口味一如往昔，不代表就必須吃起來和以前的料理一模一樣。

重口味的料理送上桌，等待已久的飢餓男子胃口大開，吃飯速度也加快。就連我這種食量不大的人，如果去吃町中華，油門也會催下去。在「調查」這個冠冕堂皇的藉口下，我就連在拉麵專賣店應該會剩下的湯，也會一飲而盡。

而這絕對是鹽分與油攝取過量的狀態，當然灌了好幾杯水，但一走出店門，還是覺得口乾舌燥。料理很美味，吃飯的時候腸胃很滿足，但只有嘴巴裡的那種感覺，控訴著自己吃得太過火。

如果每次探險完都是這種狀態，會對活動造成妨礙吧？必須想辦法解決才行。這就是「去油解膩」的開端。對我來說，最有效能去油解膩的飲料似乎是黑咖啡。如果喝含糖飲料，即使能夠去油，也解不了嘴裡的鹹味……這不重要，重要的是「去油解膩」帶來了新發現，那就是吃完町中華料理後，除了口乾舌燥之外，還存在另一種不對勁的感覺。

那就是舌頭的刺麻感。

而且不同店家的刺麻感，強度也不一樣。微微刺麻的輕量級，我就不會太過在意，就算不喝咖啡也沒關係。稍微強烈的刺麻感，喝一杯咖啡也能消去。但如果刺麻感隨時

料理起鍋前快速加入化學調味料。這是一口氣增加町中華感的「魔法粉末」，但不能加太多……

間經過而逐漸升級，成了重量級麻痺感，就得喝兩杯咖啡了。要是遇到強敵，有時甚至需要兩個小時左右，才能解除舌頭的麻痺。這麼一說，我回想起來，也是有料理完全不會給人刺麻感的餐廳，但這些店家卻也不是走少油少鹽路線。

　我已經猜到這種不對勁的真面目。我因為出生於昭和中旬，過去早有過好幾次相同的經驗。口中的刺麻感或麻痺感，想必是與化學調味料的用量成正比。[8]

　我以前覺得畢竟是町中華，使用化學調味料也是理所當然。

舌頭麻痺的原因也不在於用了化學調味料，而是因為用得太過頭了。即使同一家町中華餐廳，若在不同的日子光顧，用量也會不同，就會帶來不同程度的刺麻感。

不過，衝過頭（？）使用太多化學調味料，這種隨性該說是可愛嗎？總之，能從中感受到町中華的不拘小節。化學調味料令人不舒服的程度，也是一項了解店家傾向的指標。這項化學調味料指標，在探險隊成員之間也愈來愈受歡迎。

「不知道是不是化學調味料分量抓錯了，舌頭超麻的！」

這是在炫耀失敗嗎？大家如果遇到化學調味料下太重的店，看起來都很開心。如果遇到不使用化學調味料的店，就會給個不知是褒還是貶的感想：「嘴巴太舒服，反而覺得少一味。」班上不是都有那種風雲人物嗎？功課沒有特別好，體育也不是特別行，但不知為何身邊的人都喜歡他，如果變得安分老實反而令人擔心。化學調味料就是這樣。

不過，這時候我腦中也浮現了疑問：

8 作者註：現在一般稱為「鮮味調味料」，此處使用昭和時代的名稱「化學調味料」，町中華探險隊也如此稱呼。

【疑問一】

和其他類別的料理相比，町中華的化學調味料會不會用得太明顯了？

【疑問二】

加入化學調味料的時機是什麼時候呢？

【疑問三】

化學調味料到底是什麼？

這三個疑問一眼就能看出都很單純，雖然我從小就吃加了一堆化學調味料的泡麵與杯麵長大，但一直以來只顧著吃，完全沒有思考過這些問題。以前還無所謂，但既然要調查町中華，就不能忽視化學調味料的存在。化學調味料或許可說是町中華必備之物，不調查清楚就無法往下進行。

町中華是一種現場表演

化學調味料的歷史與成分容後再述，首先思考它長久以來扮演的角色。

昭和二十年（一九四五年）後半到昭和三十年（一九五五年）前半，町中華是如雨後春筍般冒出的新興勢力，最後被歸納成一個外食類別。雖然一般認為，能夠在寬敞店面營業的町中華店家並不多，但同時要製作麵類與飯類，就需要相當程度的廚房空間，有些店家的廚房甚至占據了幾乎半間店的面積。於是可想而知，愈來愈多店家，採取座位與廚房沒有分界的開放式設計，以便在接受點餐之後能夠立刻製作餐點，即使員工不多也容易經營。

或許因為町中華的原點，是在市場內櫛比鱗次的小店吧？只要有烹飪空間與吧檯座位，且提供現做料理，就足以構成一家店。雖然偶爾也會遇到沒有吧檯座位的店家，但總覺得少了點什麼。沒有餐桌座位與榻榻米座位無所謂，但吧檯座位絕不可少。

我至今吃過不少町中華，結果最近變得愈來愈不在意味道好壞。當然，美味勝過一切，但口味喜好因人而異，或許不應該將評價的重點擺在美味與否。相較之下，我對於自己不覺得美味、顧客卻絡繹不絕的店家更感興趣。

比起口味，我更重視料理從點餐到送上來的過程。我將町中華視為一種「現場表演」，顧客受到老闆與老闆娘營造的「場域」所吸引聚集過來。舞台當然指是廚房，而吧檯座位就是最前排的搖滾區。

老闆到底會讓我們看見什麼樣的表演呢？切菜節奏是否順暢？甩鍋的氣勢是否震撼

力十足？在什麼時機勾芡，倒入早已準備好的盤子或碗公裡？裝盤手法是否俐落？烹飪是否有節奏感？從點餐到完成需要幾分鐘？送到眼前時，是否還帶著熱騰騰的氤氳熱氣？從頭到尾，精采之處細數不盡。

表演在點餐的同時就已經開始。煮麵、切菜、炒肉。喔，要裝盤了。那是我點的餃子嗎？錯了，是上一組客人的。那應該是下一盤吧？喂喂！不會煮太久嗎？麵會煮爛啊！哎呀，不能在廚房抽菸吧……總而言之，老闆的一舉一動都能盡收眼底，真是太棒了！

我非常推薦會擔心毫不客氣盯著別人而自覺太失禮的人，務必坐在吧檯觀察一次。多數店家的廚房都以「被觀看」為前題設計，所以他們早有心理準備。這些老闆都是數十年來站在那裡、沐浴在顧客視線下的強者，我們根本不會造成困擾。他們步調如常，放調味料時也沒有測量，隨意調整味道。這是身體反應快過思考的熟練技術。

如果看到老闆充滿自信的面容，也請試著觀察整間廚房吧！這家店的廚房必定給人清潔溜溜的感覺，即使沒打掃到一塵不染，是否細心使用，依然一看就知道。

偶爾也會覺得吃起來太鹹或太淡，這是錯覺。希望大家這樣想：老闆沒有錯，問題出在自己的身體狀況。

吃到什麼味道就像抽籤一樣刺激，也是町中華的樂趣。即使舌頭麻痺也不用緊張，只要執行去油解膩的儀式即可。

熱潮背後存在「化學調味料」

看在那些仔細熬煮湯頭的店家眼裡，使用鮮味調味的「化學調味料」，說難聽一點就是偷懶，這可不是什麼能讓顧客看見的好東西。但一覽無遺的廚房也無法把化學調味料藏起來，提味效果也無法割捨。

那麼，難道是店家覺得裝模作樣也不是辦法，所以即使知道顧客會看見，依然將化學調味料擺在手邊、大方加進料理當中嗎？我認為不是。根據我的推測，「疑問一」和其他類別的料理相比，「町中華的化學調味料會不會用得太明顯了？」的答案是：顧客允許店家使用化學調味料，所以被看見也無所謂——不，或許在某段時期，店家甚至抱持積極用給顧客看的心態。

在廚房一字排開的化學調味料、鹽、麻油等調味料。

請昭和中期出生的人回想一下昭和三十到四〇年代（一九五五至一九六五年代）的餐桌風貌。餐桌上的調味罐裡，除了醬油與鹽之外，是否也一併擺著化學調味料的代名詞「味精」呢？淺漬小黃瓜上，是否撒著白色的粉末呢？

我家就是這樣。我與妹妹連想都沒有想過這種調味料的作用，就模仿父母適量撒在料理上。

直接舔食味精的味道很奇怪，但溶進料理之後，奇怪的味道就消失了。我們不知道原因，只覺得這種粉末真不可思議。味精在當時就是我家的日常。

只要使用化學調味料，在家也能做出鮮味滿滿的料理。上一節提到的行動廚房在街上穿梭時，家庭主婦將西式與中式料理，引進原本一面倒都是日式料理的餐桌。這時大受好評的味精自然而然滲透到家庭當中，沒過多久，大家就記住這個味道了。

町中華是庶民的中華食堂，就像家裡廚房的延伸。顧客追求的不是特別的口味，而是舌頭已經熟悉的味道。當時應該沒有顧客對使用化學調味料的老闆抱怨「不要偷懶」吧？使用化學調味料，能夠完成美味的料理，賦予料理油膩且重鹹的滋味深度，令味道升級。化學調味料曾是最尖端的調味品，因此根據我的想像，顧客對於老闆將化學調味料加入料理當中的表演，反而是抱持好感來欣賞的。

化學調味料也具有促進町中華發展的重要面向。因為出現了這種方便的調味料，就算店家沒有多少料理經驗，也能提供有模有樣的料理滋味。化學調味料為町中華的發展，帶來難以估量的重大影響。

町中華在昭和二十年代後期（一九四五年）成為特定外食類別，在一九六四年（昭和三十九年）舉辦東京奧運前後，店家數量更加攀升。可想而知，很多都是在既有店家學習十年左右的學徒出師開業，其中想必也有不少認為町中華能賺到錢的新面孔加入。素人也有辦法開業的其中一項理由，就是因為存在決定料理味道關鍵的化學調味料。

在這股熱潮帶動下加入業界的全日本各地町中華，毫無例外全都使用化學調味料，而喜歡化學調味料的顧客也接受這點。當時儘管町中華數量變多，市場卻尚未達到飽和，大家還能共存共榮。雖然個性獨特的老闆也多不勝數，但當時不像現在這麼熱衷於展現獨特的料理滋味，老闆也沒有這樣的實力。

結果發生什麼事呢？就是每家店的口味愈來愈相似吧？使用化學調味料的料理，逐漸成為町中華的標準味道。

化學調味料能獲得好評，在口味方面不用說，想必也與化學調味料普及到家庭、能帶來令人安心的口味有關。顧客不會為了追求家庭口味而外食，他們付錢上餐館是為了吃到家裡做不出來的味道，但如果味道過於特殊，個人口味喜好就會產生劇烈落差，這樣很難做生意。如果被當成手藝差的餐館，顧客就不會再次上門。

希望滿足顧客的店家，與追求這筆錢花得值得的顧客，我認為在兩者之間架起橋梁的，就是化學調味料的隱藏功勞。這不是與「在家裡做不出來的味道」互相矛盾嗎？沒這回事，町中華有個家庭料理比不上的優勢。

那就是家用瓦斯爐所沒有的強大火力。那是能在短時間內煮熟食物，提供熱騰騰的料理的強大武器。就算只是炒蔬菜，炒起來也像完全不同的料理，能讓顧客覺得「真不愧是專業廚師，家裡不可能做出這種味道」。只要在調味方面，使用化學調味料做出蘊含安心感的美味，再利用火力展現外食的力量，多數的顧客都會買單。

當時的町中華沒有全國連鎖店，頂多就是小規模的分號集團共享同一份食譜。但或許就是因為有了化學調味料，儘管當時資訊傳遞速度緩慢，依然能逐漸建立起一種町中華口味的共同印象。

透過加入化學調味料，看見廚房的形式美學

接著進入下一個話題：「疑問二」加入味精的時機是什麼時候呢？我想加入味精的

時機，從以前到現在都沒有太大的改變。根據我觀察到的步驟，一定是在料理快完成的時候。

以炒飯為例，就是在白飯與配料炒好後，加入鹽與特調醬油調味時，一起把化學調味料加進中華炒鍋裡。化學調味料通常裝在鋁製或塑膠製的容器，以專用的湯匙挖取。順序通常是：先放鹽與胡椒，最後才放化學調味料。我認為是因為前者目的是調味，後者則是調合口味。至於有些人會謹慎確定分量後再加入，有些人則重視速度、隨便挖一匙就丟進去，這種差別應該來自料理人個性的差異吧？

我喜歡的是調味步驟一氣呵成的後者。這類老闆的烹飪手法整體來說是純熟的，從切菜與甩鍋的方式，到麵條起鍋前的準備，都有一番個人講究。而且或許是因為長年沐浴在顧客視線下，就連甩鍋的背影都彷彿一幅畫。

無論如何，町中華的烹飪速度都很快。一方面因為快才美味，另一方面也是因為如果動作慢吞吞，點單統統擠在一起的時段，顧客就必須等待。午餐時段的顧客能等待的時間不多，熟練與否相當重要。我總覺得，町中華的老闆或許都在配置類似的廚房裡，製作著類似的料理，儘管看似不常去其他同業觀摩用餐，舉手投足卻說不上來地相似。

戰後百花齊放的町中華，儘管沒有任何必然性，結果卻發展出了某種形式美學。老闆簡潔俐落的動作，濃縮了這家店的歷史。一連串的動作組合成套，施展起來行雲流水，如果只是呆看，最終會搞不清楚老闆到底做了什麼。他彷彿調整節奏似地敲敲鍋子，兩項工作間的空檔拿抹布將附近擦拭一下，沒有一刻得閒。

我所看過創下動作最快紀錄的店家，是千代田區神田神保町的「伊峽」。老闆在一瞬間，就兩度從塑膠罐子裡用小湯匙挖出調味料，我明明為了觀察這一瞬間，占了一個視線清楚的好位子，眼睛卻跟不上他的手部動作。這是日復一日的鍛鍊所磨出的專業手藝，讓人感動到發抖……

我去參觀了味精工廠

夏天某日，我從居住的松本市，遠征味精工廠所在的川崎市。

川崎市連結京急川崎站與小島新田站的京急大師線上，有一站叫做「鈴木町」。雖然站名有「町」字，鈴木町的人口卻是零，幾乎整個町都是味之素集團的工廠與多摩川河畔，沒有任何居民。

我來這裡是為了尋找這個問題的答案：「疑問三」化學調味料到底是什麼？——不，或許不太對，因為味之素股份有限公司的網站，登載了以公司歷史為首的許多資料，只要瀏覽網站，就能讀到關於味精的詳細說明，包括味精的誕生祕辛到成分介紹。但我的調查對象，可是為町中華的發展帶來莫大貢獻的化學調味料，有沒有更能接近現實的方法呢？我抱持這樣的想法，申請了工廠參觀。

我士氣飽滿地來到這裡，但除了我之外，都是中小學生與陪同的母親，讓我有點不好意思。他們想必內心警鈴大作，覺得來了一位怪叔叔吧？算了，我來這裡是因為有想要了解的事。雖然我明顯格格不入，但如果要比認真與熱情，我有自信不會輸。

這座工廠從一九一四年（大正三年）開始運作，目前製造的產品有「味之素」、「烹大師」和「Cook Do」。工廠占地約十萬坪，有八座東京巨蛋那麼大，所以我們搭乘專用巴士繞行工廠內部參觀。不愧是大企業，規模真大。工廠的建築物並不花俏，這點也很棒，有製造業的風格……雖然是小學生程度的感想，但我很高興能夠置身於製作味精的場所，親身體驗工廠與町中華的廚房如何彼此相連。我就是想品味這種心情。

特地建造給參觀者觀看的劇場與製造工程的模型都很出色，但更讓我藏不住興奮的是最初販售時的瓶罐實物展示空間。這裡簡直就是一座寶山。我想任何一名町中華粉絲，看到這些珍貴的照片與歷代商品，內心都會洶湧澎湃。

這個展示空間是我仔細參觀的重點，就連說明文字也細心閱讀，結果遭到導覽人員委婉催促。看來孩子們比起學習歷史，更想快點進入工廠參觀的重頭戲——「味之素包裝體驗」。我懂他們的心情，但至少也等我讀完味之素開賣六天後，一九〇九年五月二十六日《東京朝日新聞》刊登的史上第一篇味精報紙廣告啊！

我把這篇廣告讀完一遍，大感震驚。文案以偌大的字體印出，寫著「理想調味料」與「食品界大革新」，配置在中央的是使用到約一九六五年的味之素商標插畫「穿著圍裙的主婦」。定睛一看，甚至還有帶點挑釁意味的文案：「不追求經濟與輕便的主婦，就不需要味之素。」如此對受眾發動了接二連三的攻勢。畢竟是廣告，強勢一點也理所當然，但即使如此，依然充滿了「我們發明不得了的劃時代商品」的自信。

雖然我憑著知識，知道味精從很久以前就存在，但在我的想像中，味精應該是更樸實無華的東西。以一流餐廳的主廚為販賣對象，總之應該是專業導向的商品吧？但不是的，味精從販賣初始，就主打這是一種將熬煮湯頭的過程化繁為簡的調味料，販賣對象是一般家庭。

然而，根據我的印象，味精直到一九五五年（昭和三十年）左右才成為主流商品。難道儘管味精企圖掀起「食品界大革新」，批發商卻不買單嗎？

味精的普及關鍵，是單手就能使用的罐子

東京帝國大學理科教授池田菊苗博士，發現昆布的鮮味來自麩胺酸，成為味精誕生的契機。池田博士心想，是否能將麩胺酸製成調味料，並以工業方式生產呢？後來他成功以麵粉為原料製造出麩胺酸鈉，並取得專利，接著他委託鈴木三郎助將麩胺酸鈉事業化。鈴木氏是靠著從海藻萃取出碘開創事業的創業者第二代，他成為專利的共同所有人，開始生產味精。

一九〇九年五月，
《東京朝日新聞》刊登最早的味精廣告。

池田教授與鈴木氏共享專利是一九〇八年（明治四十一年）的事，他們立刻進行準備，在隔年春天刊登報紙廣告。然而，結果卻與他們高漲的士氣背道而馳，味精剛推出時完全賣不掉。熬煮湯頭被

視為日本料理的傳統，不管這種商品再怎麼便利，要催毀傳統似乎都不是一件容易的事情。

味之素公司沒有因此而放棄或倒閉，對町中華而言實屬萬幸。公司抱持著「只能在味精這項商品上賭一把了」的心態，堅持到底。

他們在銷售方面也進行許多努力，腳踏實地進行市場調查、調降價格、不畏懼挫折繼續打廣告，將商品慢慢賣掉，譬如將味精作為食品添加物，推銷給醬油製造公司，以及將製作味精的副產品小麥澱粉賣給紡織公司等。此外，在早期階段就於歐美與亞洲各國取得專利，也是味精日後成功的因素之一，從戰前就在臺灣、朝鮮、滿洲、中國拓展味精銷售通路。至於美國市場則在剛起步時陷入苦戰，但到了一九三〇年代，就連湯廚（濃湯）、亨氏（罐頭）也開始使用味精作為添加物。雖然味精的銷售成績在日本國內沒有顯著成長，在國外卻累積了足夠實力。

戰後過了幾年，長年努力開始有了結果。戰時及戰後實施販賣管制的麩胺酸鈉，在一九五〇年廢除了管制，如此一來終於能像戰前那樣自由設定價格，展開宣傳活動。

味之素公司建立完整的味精生產體制，銷售的容量版本與包裝種類也增加了。除了戰前就有的販賣網路之外，也與新的特約店簽約，並設置新的營業部門，甚至透過向相

裝在金屬罐的味精，與三十克的小瓶裝。[9]

關機構陳情，成功將原本高達五〇%的物品稅，調降到一〇%，帶動國內味精需求的準備逐漸到位。

根據味之素官方網站刊登的《味之素集團百年史》，新產品中最具意義是三十克的小瓶裝。

> 從拿掏耳棒大小的湯匙挖取，演變成直接使用罐子撒。如果用完了，可以從金屬罐或袋子倒進小瓶裡補充。如此一來，不管在廚房還是在餐桌，都能簡單地用單手使用味精，擴大了味精的使用範圍，民眾的使用習慣也因此變得截然不同。
>
> ——節錄自《味之素集團百年史》第五章第三節，〈重新開始國內銷售與刊登廣告〉

9 作者註：味精的照片為親至工廠拍攝。

這就是我家餐桌上的味精吧！雖然不知道早期的味精是什麼味道，但根據資料推測，味精剛推出時就是高完程度的商品。雖然現在改用從甘蔗榨出的糖蜜發酵製作，但鮮味成分來自麩胺酸鈉的基本概念沒有改變。附帶一提，「鮮味調味料」也是味精從以前就用到現在的一種表現方式。雖然昭和時代一般會說是「化學調味料」，但在時代演進中，味精更強調使用「鮮味」一詞，而人們也接受了，因此得以普及。

味精沒有改變，改變的是度過戰後混亂、即將開始成長的日本社會。大眾更加追求簡便，而身處環境跟上這種追求心態後，便利的小罐裝味精登場，於是味精大受歡迎。明明味精是以前就存在的商品，但包裝賦予它新的功能，大家便對這種「理想調味料」趨之若鶩。

味之素公司看見時機到來，在一九五一年將廣告部門獨立出來。報紙、雜誌、戶外廣告、收音機廣告……這回積極的廣告宣傳活動也不再揮棒落空。在家裡中做洋食與中華料理蔚為流行，對味精的需求也因此成長，其營收在一九五〇年到一九五五年間成長了七倍。

沒有化學調味料就不是町中華

工廠參觀也到了尾聲。我混在小孩子當中，體驗將味精裝進六克裝小罐子的工作。雖然在町中華的吧檯座位很難看得出味精與鹽的差別，但近距離觀察就會發現，味精顆粒好像有點粗。我用手沾了一點剛裝好的味精舔食，單吃只會覺得味道奇怪，作為調味料使用卻能發揮莫大效果，真是不可思議。

但就是因為有味精，町中華才會如此受歡迎。細心熬煮湯頭的餐廳固然很棒，但學習技術需要時間，上班族要轉業很難立刻就開餐館。就顧客的角度來看也一樣，味精創造的重口味，對於汗流浹背的勞工、業務員、食欲旺盛的學生而言，好吃到沒話說。

話說回來，前幾天我在某間店聊到味精，結果店家的回答出乎我意料：「味精很貴的，沒辦法用那麼多。」味精能夠帶來便利性與重口味，價格絕對不便宜。但為什麼多數町中華餐館就算貴也要用呢？

我唯一能想到的答案，就是用了味精會讓業績成長。因為能夠回本，所以每家店都開始使用。後來由於使用味精的店多了，顧客認知中的標準町中華，就成了加味精的濃醇口味。這種認知要普及到日本全國，需要幾年呢？假設十年好了，算起來就是前一節提到的，日本正為了舉辦東京奧運而生氣蓬勃的一九六〇年前後。

在味精流行前就研發出「獨家口味」的店家，應該沒那麼多吧？即使有，我想有些老闆也會跟隨流行，加一點味精進自己的料理中。而學徒在這些店學習，後來出師開業，也順應社會潮流使用味精。味精或許就是這樣成為主流的吧？但町中華的顧客可沒那麼好應付，店家也不可能只靠味精，完全不熬自己的湯頭。町中華的風格，就是熬湯頭理所當然，最後再以味精畫龍點睛。

我曾在採訪町中華老店時聽到一件有趣的事。我提到味精時（忍不住問出口），對方說：

「就我來看，決定性的關鍵是另一款商品——海味味精。當時真的很震驚。海味味精滋味濃醇，也很適合中華料理。我想如果是這個，大家都會用吧，自然而然就變成這樣了。比起味精，應該有更多中華料理店使用海味味精。」

濃醇滋味的真面目，是包覆著一層麩胺酸鈉的次黃嘌呤核苷磷酸鈉。海味味精推出的時間點，是再兩年就要舉辦東京奧運的一九六二年。除了味精外，這項更重視濃醇滋味的新商品登場，使化學調味料在町中華領域愈來愈普及。

即使經過半個世紀以上直到今天，都沒有再出現其他兼具受歡迎與便利性，並足以撼動町中華根本的調味料了。這要歸咎於町中華停止進化了嗎？應該不是。町中華的口味，因為有了化學調味料這個強大助力，不知不覺在顧客之間普及，最後固定下來。既然顧客不斷上門，老闆當然也不會想改變味道。即使世代交替也不怕。因為顧客愈年輕，愈是會透過家庭料理與速食熟悉化學調味料的滋味。

化學調味料在過去是町中華的口味象徵，成為不可或缺的存在。雖然偶爾也會嘗到舌頭麻痺的痛苦，但如果喝杯咖啡就能恢復，就當成町中華的樂趣一笑置之吧！

參觀者結束小瓶味精製作體驗後，都分到了一碗加了味精的湯。我聽到孩子們稱讚「好喝」，甚至還有男孩要求再來一碗。

請務必記住這個味道。因為等你長大一點，有機會在町中華用餐時，將感受到一股說不上來的懷念，而這樣的你，將支撐著町中華的未來。

第二章

舞動的免洗筷、大火快炒的中華鍋：町中華的黃金期

一、穿梭大街小巷的外賣摩托車

外賣是町中華的明星

討論町中華就少不了外賣。我在二十幾快三十歲的時候，忙到連出去吃飯都覺得浪費時間，也經常叫外賣果腹。我記得能夠輕鬆叫外賣的，只有町中華或蕎麥麵店。不過，我突然想到，「外賣」該不會是接近死語的「昭和用語」吧？外賣是一通電話就能將料理送到家的便利系統，現在普遍稱為宅配或外送。

大眾之所以對「外送」稱呼習以為常，大概是因為外送披薩。而達美樂披薩就是披薩外送的始祖。日本達美樂披薩在一九八五年創業，帶來了新的日本外賣文化。中華料理或蕎麥麵的外賣因為方便而受歡迎，但披薩更增添某種時髦感。騎專用摩托車配送披薩，就連披薩包裝看起來都很帥氣，立刻就廣受歡迎。日本企業在一九八七年開的「披薩啦」（PIZZA-LA）一號店急起直追，加上誇張的宣傳，很快就在年輕人之間普及。披薩店之所以不使用「外賣」一詞，或許是為了與日本傳統將餐點送到家的系統做出區隔。外送作戰完美奏效，從壽司到和食，都接二連三出現不設置內用空間、專做外送的業者。

町中華一直以來都順利成長，而我認為這股外送與宅配旋風，成為讓町中華走向轉捩點的其中一項契機。當時景氣絕佳，正朝泡沫經濟時期直奔而去，想必不會立刻出現重大影響。對手是又貴又灑滿濃厚起司的披薩專賣店。町中華的老闆想必也認為，即使披薩可以用在家庭派對或取代點心，也無法成為大家心目中的正餐吧。

當時有更該戒備的對手，那就是創始於一九七六年的 **Hokka Hokka Tei**，以它為首，外帶便當店崛起。

在這些便當店，不僅能以便宜的價格品嘗現做的餐點，還省下自己做便當的麻煩，這種便利性讓町中華遺漏的粉領族趨之若鶩。男性上班族也彷彿受她們影響而前去大排長龍。一九八〇年代，其它連鎖餐廳也愈開愈多，逐漸躋身為威脅外賣的存在。

外送披薩主攻年輕族群與家庭，增添時髦感；外帶便當重現家庭的滋味，幫助上班族節省早晨時間。只要觀察這些商品在日後的普及狀況，就能知道它們有多麼優秀。

就這樣，以町中華與蕎麥麵店為代表的外賣、輕鬆就能帶回家的便當，以及以披薩店為代表的宅配與外送新興勢力，在一九八〇年代揭開了激戰序幕。最大的不同在於，町中華既供應內用餐點，也提供送到家的外賣，至於便當店與披薩則專做外帶或外送，因此能夠將工作投注於製作商品與銷售。

相較之下，町中華要做外賣，必須同時應付「店裡的顧客」與「打電話來點餐的顧客」，即使是小型店家，也會僱用不少專門負責外賣的員工，因為外賣的需求就是這麼多。只要努力做外賣，就算店內座位數少，也能提升業績。像町中華這種個人經營的小店，外賣就是賺外快的重要手段。只要到了午餐時間，外賣摩托車就會穿梭於大街小巷。

也有店家以裝上外賣機的自行車努力送餐。

外賣需要騎車技術，也需要體力，所以外賣可不是打工的店員隨隨便便就能完成的工作。為了在與對手的競爭當中勝出，獲得更多的熟客，要盡可能將餐點快速且正確地送達，甚至還要做到回收餐具的專家程度。現在我已知道，當時送外賣的人之所以總是來去匆匆，就是因為他們必須趕回店裡去送下一張訂單。

白天辦公室，晚上麻將莊，廚房全速運轉

同樣靠外賣賺錢的還有咖啡店。在連鎖咖啡店登場之前，也有很多上班族辭職開業，車站前必定會有個人經營的咖啡店，而這些店也靠外賣賺取莫大利潤。

一九七〇年代即將結束時，我還在念書，曾在飯田橋的咖啡店打工，咖啡一杯是兩百日圓。在當時這個價格算很便宜，不過老闆明顯有賺錢。穿著西裝的上班族，在早上八點店門一開就來吃晨間套餐（咖啡附上厚片吐司、迷你沙拉與水煮蛋，一份兩百五十日圓）。到了午餐時間，來吃附咖啡的午間套餐（五百日圓以下）的顧客蜂擁而至。除此之外，上午與大約午休結束時，都有外賣的訂單進來。因為當時在辦公室一般都喝即溶咖啡，真正的咖啡只有在咖啡店才喝得到。

週一早晨以外的時刻，咖啡店也會接到因應開會需求所產生的大量訂單。我的上班時間是早上九點到下午兩點，這段時間平均送出了五十杯外賣咖啡吧？而且步行就能送達，外賣範圍頂多就是方圓一百公尺。這麼一來，五個小時的營業額就是一萬日圓。根據經營者的說法，一杯咖啡的成本是十日圓。我的時薪是五百日圓，光靠外賣的利潤就足以支付我打工的薪水。

我問町中華的老闆：「外賣的全盛時期是什麼時候呢？」大家都異口同聲地回答：一九八〇年代後半至一九九〇年代前半的泡沫經濟期。當時上班族忙到焦頭爛額，沒時間悠閒外出用餐，午餐多半靠外賣解決。

晚上的訂單也接連不斷。晚上是誰點的餐呢？原來是麻將莊。外賣不只要送餐過去，還要花功夫回收餐具，卻具有一次就能接到多筆訂單的優點。據說即使是開在商業區、約三十個座位的標準餐館，光靠外賣就能經營下去。四人圍著麻將桌，這些顧客往往也會一起點外賣，而其他客人看到隔壁桌在吃飯，也會被勾起食欲。而且不只晚餐時間，宵夜時間的外賣需求量也很大，因此訂單源源不絕。

具體來說，町中華餐館到了深夜，即使店內已經空蕩蕩、沒有客人上門，廚房依然處於全速運轉狀態。水槽堆滿碗盤，打烊後仍工作到深夜，睡眠不足已是常態。對了，當時有好幾家店讓我覺得不可思議，明明沒什麼客人卻不會倒，他們一定是靠著外賣賺飽了。

對於點餐的顧客而言，外賣是解決一餐的便利方式，而且不需要另外支付外送費，頂多只有價格稍微加成。不管是壽司或鰻魚飯之類的大餐，還是蕎麥涼麵或拉麵等日常餐點，都只要一通電話就能送到家。小型公司群集的街區，如果到了雨天，用過的餐具就會在門口堆積如山。

正來軒的分工外賣術

當泡沫經濟破滅、景氣走下坡後，個人開的小店變得難以經營，逐漸被外食連鎖店奪去主角寶座。首先是咖啡店的數量急遽減少，接著町中華也被迫面臨變化。外賣原本是町中華一項主要收入來源，但也開始出現停止外賣的店家。以披薩為首的外送，受歡迎的程度依舊很高。便當店也因為走低價路線，存在感反而更加強烈。

再者，便利商店以超越這些餐飲店之姿，勢如破竹地滲透到大眾生活當中，也給町中華帶來重大打擊。去便利商店買個食物再回來，花不到五分鐘，口味也尚可接受。這絕對是比外賣更快且更方便的「怪物」。

町中華的老闆年紀也大了，今後或許可以改成家族經營。從壓低人事成本的角度來看，想退出外賣也無可厚非。

我認為町中華的外賣不是同時消失的，而是從一九九〇年代中旬之後逐漸減少。外賣不再是上班族的用餐選項，麻將熱潮也已過去。回想起來，我自己也從這段時期大幅減少叫外賣的機會，即使偶爾叫個外送也是點披薩。我不是因為吃膩了町中華、覺得叫外賣麵會糊掉，或是要退還餐具很麻煩才避免叫外賣，而是不知不覺就變成這樣了。回過神來，原本穿梭於大街小巷的外賣摩托車，也從街區消失無蹤。

現在還在做外賣的町中華餐廳，比例有多少呢？我只要看到店門口停著外賣摩托車就會很興奮，所以十家店裡頂多只有一家吧？至於僱用專人來送外賣的店家，更是幾乎絕跡。這些還在做外賣的町中華餐館，幾乎全都是家族經營，外賣對象也以附近的熟客為主。經常可以在町中華店內看到不再使用的外賣箱堆在角落，毫無用武之地。

所以，至今仍積極做外賣的町中華相當寶貴，我總是提醒自己，如果發現了這種餐館，最好進去看看。其中最讓我感動的是位於目黑區目黑本町的「正來軒」，這間餐廳店面很小，只有七、八個吧檯座位，由老闆與老闆娘兩人經營。這家店採用其他地方難以見到的獨特外賣制度，不過說破了也不是什麼複雜的事，他們兩人都會騎摩托車，沒有誰負責送外賣的區別。

如果在老闆出門送外賣的時候，有人點餐怎麼辦呢？放心吧，老闆娘的手藝也不輸給老闆，所有料理她都做得出來。不過，正來軒的過人之處不在這裡。畢竟在町中華遇到的老闆娘，有相當高的機率能夠輕鬆使用沉重的中華炒鍋。即使主要站在廚房的人是老闆，老闆娘幫忙切菜和備料也是理所當然，要是這些老闆娘有意願，做菜也不是什麼難事。甚至還有生意興隆的店家，老闆去世之後由老闆娘繼承的，町中華探險隊稱這類店家為「寡婦中華」，對她們相當尊敬。

所以正來軒的老闆娘，在老闆送外賣時掌廚並不會讓我驚訝……店裡接到電話，有人打來叫外賣了。老闆娘熟練地聽對方點餐並記錄下來，從她的語氣推測，應該是常客。

正來軒的外觀。
雖然是家小店，卻充滿了觸動町中華粉絲的魅力。

就在她開始做這份訂單的餐點時，老闆剛好回來。讓我驚訝的是接下來的行動。老闆娘自顧自地做料理，接著俐落戴上安全帽揚長而去。原來如此，這家店的兩人都能送外賣啊！正當我這麼想的時候，電話又打來了。就在老闆接單製作料理時，老闆娘回來並迅速穿上圍裙，接著換成剛結束裝盤的老闆戴上慣用的安全帽，默默出門。

於是我懂了，這家店採用的是由接受訂單的人負責外賣的自我責任制。所以即使不報告住在哪裡的誰點了什麼菜，也不會出問題。太令人佩服了！這是只有夫妻經營的店才能實現的終極搭檔。但為什麼要為了外賣做到這個地步？我詢問老闆，原來外賣只限定近距離的顧客。

「以前不是這樣，但客人這麼偏愛我們這家小店，也蠻令人開心的。只不過人手不足，外賣只限定多年來的熟客點單，但對於業績的幫助也很大。」

蕎麥麵店的外賣是一項專業

外賣就是做顧客點的料理再送餐到府的服務，據說起源於江戶時代中期。就型態來說，比較接近團體外燴，而不是接少量訂單。

當時很多人以扁擔挑著食材叫賣，或是以類似現在擺攤的方式做生意。當時的販賣方式原本以流動攤販為主，所以很少人覺得將餐點送到家的服務有什麼特別。

流動攤販這種做生意的方式，頂多只普及到昭和中期吧？雖然和外賣不太一樣，但我清楚記得昭和三十年代（一九五五年），自己還小的時候，會有豆腐小販來到祖父的家門前，而沿街叫賣的歐巴桑，也會定期上門販賣魚乾、貝類等等。為什麼我會記得呢？因為直到現在過了花甲之年，親戚還是會拿我小時候的淘氣行為說笑。聽說我三、四歲的時候，一聽到豆腐小販的喇叭聲，就會擅自拿著容器衝到門口大喊：「一塊豆腐！」至於買豆腐的錢就先賒著，之後再一次付清。只有這樣還罷了，但剛買回來我就用手抓來吃，或許因此帶來了便意，聽說我還曾經邊吃邊站著大便……

話題回來！我剛才是在談外賣。思考町中華的外賣時，不難想像蕎麥麵店的外賣就是其前身，就連面對的課題也一樣，運送的食物是麵條，以及過程中不能讓湯汁灑出來。蕎麥麵店不只是外賣界的大前輩，我們所熟悉裝上外賣機的摩托車運送方式，也是為了讓蕎麥麵店的外賣「近代化」所發明出來的工具。

我並不清楚外賣蕎麥麵進化的過程，或許從明治、大正演變到昭和時代這段時間，在公司上班的人也變多了，外賣蕎麥麵兼具「快速、便宜、美味」這三項要件，又能送到辦公室，便成為受歡迎的存在。蕎麥麵店在剛進入昭和時期時，開始使用自行車送外賣，路上出現肩膀上扛著好幾層裝著麵的竹篩或碗公、以單手操作龍頭騎自行車的光景。我們也可以看到餐點在外賣職人肩上疊成一座塔，簡直就像雜耍師一樣。

外行人可沒有這樣的技術。沒錯，外賣量大的蕎麥麵店，甚至還會僱用專送外賣的專家。他們既不桿製麵條也不接待顧客，只送外賣，因此被稱為「外番」。外番的肩上疊著大量的蕎麥麵，英姿颯爽地在路上騎自行車，他們的存在就是蕎麥麵店的象徵，直到昭和三十年（一九五五年）左右，都還會舉辦「蕎麥麵店外賣大賽」的活動，相當驚人。外番都是帥氣小哥，他們曾是街角的英雄。

話雖如此，當時還是悠閒的時代。在我的想像中，當時的外賣應該就像「蕎麥麵店的外賣」這句話所象徵的，以悠閒的步調進行吧？[10]但根據退休的前蕎麥麵店老闆的說法，他在昭和四十年（一九六五年）左右還在當學徒時，都被趕去送外賣，幾乎不允許他從事店內工作。而他是個外行人，送不了那麼多，所以就像折返跑一樣，在蕎麥麵店與外賣地點之間往返。最後他出師開業，在世田谷區玉川經營日本蕎麥麵店「大勝庵」。他在送外賣的回程時，總是會一邊抽菸，一邊眺望電車，愈看愈喜歡，在東急玉川線（通稱「玉電」）決定廢線後，他開始拍攝玉電的照片，並以此為契機在退休後開始經營私設鐵道資料館「大勝庵玉電與鄉土歷史館」。

奧運聖火帶來外賣機！

外賣職人曾為路上行人帶來視覺上的樂趣，而關於他們消失的理由眾說紛紜，我認為最有可能的是「外部壓力」說。距離戰爭結束也有一段時間，走在銀座街頭的外國觀光客，看見在車陣間穿梭的外賣自行車大吃一驚，便控訴其危險性，因此由警方介入勸導。

那該怎麼辦呢？肩上扛著餐點同時單手騎車，明顯就是危險的主因。既然如此，只要發明不需要扛在肩上也能運送蕎麥麵的方式，不就好了嗎？從這個發想中誕生的就是外賣機。據說想出這個辦法的是東京都內的蕎麥麵店老闆，但詳情並不清楚。既然是在危機中拯救外賣服務的發明者，真希望留下詳實的紀錄。外賣機原本或許是為了經營自家餐館所研發出的創意，但這種運送工具極為優秀，因此看上外賣機的業者，在昭和三十年代（一九五五年代）前半將其商品化。

但外賣機並非一上市就熱銷。任何人都能輕鬆配送的外賣機登場，將使技術堪比雜耍師的「外番」失業。也有不少蕎麥麵店老闆因此有所顧慮，對於添購外賣機感到猶豫。

但既然接到警察勸導，那就沒辦法了。警方過去都對單手騎自行車睜一隻眼閉一隻眼，然而一旦開始嚴格取締，外賣就無法再繼續。

另一個不能忘記的是一九六四年（昭和三十九年）舉辦的東京奧運。奧運傳統上由跑者以接力的方式，將聖火傳遞到主場館，要是中途熄滅就會很麻煩。於是主辦單位決

10 譯註：日文「そば屋の出前」，直譯為「蕎麥麵店的外賣」，語境為叫了蕎麥麵外賣卻遲遲未收到，詢問店家時卻得到「剛剛送出去」的回應，引申為希望落空、推託時間延遲之意。

定用能承受搖晃與撞擊的外賣機，來運送預備的聖火。

外賣機達成期待，成功運送聖火而沒有熄滅。於是八年後舉辦的札幌冬季奧運再度採用外賣機，證明其實力。以本田小狼為首，各家摩托車廠商也推出適合外賣的車款，一口氣普及到日本全國。

蕎麥麵店的老闆為了送外賣而發明了外賣機，而受惠最多的卻是逐漸嶄露頭角的町中華。一直以來都由蕎麥麵店獨占的「快速、便宜、美味」這三項條件，同時也是戰後飲食文化町中華的強項。

話說回來，為什麼外賣機能夠運送湯麵而不會灑出來呢？光顧過町中華的人，都有過這個單純的疑問，但很少會特地詢問店裡的人。既然都叫做外賣機，肯定發明了什麼解決這個問題的好方法吧？

我以前也不曾問過，但一方面因為安裝外賣機穿梭的摩托車逐漸減少，一方面也逐漸湧現想知道其構造的欲望。於是我試著以「外賣機廠商」作為關鍵字查詢，結果只找到一家廠商。我原以為至少有幾家公司販售外賣機，但目前依然活躍的廠商，似乎只有一家。

難道這項昭和的大發明正面臨危機？總而言之，我必須登門採訪……

最後的堡壘，丸新外賣機

東京都府中市大東京綜合批發中心內的「丸新」（Marushin），是目前二〇一九年唯一的外賣機製造公司。雖然這家公司現在販賣各種商用的烹調器具，但原本是為了製造與銷售外賣機而成立的。丸新於一九六五年創立，此時東京奧運剛結束不久。據說第一代老闆感受到外賣機的未來性，因而闖入了業界革新的核心。

丸新將商品取名為「丸新外賣機」，冠上自己公司的名字一決勝負，很快就躍升為頂尖製造商。前面提到札幌冬季奧運使用的外賣機，就是丸新的產品。丸新外賣機為了尋求與其他公司的差異化，在反覆改良中完成，可說是技術力的恩賜……不過並沒有那麼誇張。第二代負責人森谷庸一表示，他們的外賣機，只不過是順應客戶要求所發展而出的結果而已。

「外賣機的構造與設計，從初期至今幾乎都沒有改變，原本的完成度應該就很高了。」

丸新外賣機構造上的優點為何呢？騎車的人不管再怎麼小心，在路上都需要轉彎，也會遇到號誌，路面也到處有些坑洞，但外賣機卻能完美抵抗前後、左右、上下搖晃，將拉麵平安送達。這項能力無法用包好保鮮膜來說明，魔法到底從何而來的呢？

大小空氣彈簧
（這張照片中的大彈簧後面，還有另一個小彈簧）

「請想像在便利商店買關東煮。」

我試著在腦中想像買關東煮回家的畫面。

「如果用手捧著走，湯汁容易灑出來吧？但如果裝進塑膠袋裡，湯汁就不容易灑出了。外賣機的原理也一樣。」

雙手捧著容器時，即使小心步行，關東煮的湯汁依然會晃動，但如果裝進塑膠袋裡，手拿著提把步行，容器就能像鐘擺一樣，雖然會左右搖晃，卻不會上下震動，因此容易保持水平。原理竟然那麼簡單？

「轉彎的時候車體會傾斜，但外賣機的貨架永遠保持水平。請摸摸看。」

我觀察看似粗壯的外賣機確認構造，固定住的部分只有上方兩處。雖然安裝吸收衝擊用的彈簧（空氣彈簧）避免過度搖晃，基本構造卻相當單純。

我試著從旁邊推動貨架，結果貨架毫無阻力地左右輕晃。原來如此，外賣機就像裡面裝著拉麵的大型塑膠袋，不只左右，也設法使前後晃動順暢無阻，原理就是完全不抵抗搖晃。

承受上下晃動的是三個大小不等的空氣彈簧，受到衝擊時，彈簧就會自動些微伸縮，抵銷衝擊。這是非常優秀的構造，甚至還有一說認為，這個構造比機車的氣壓避震器更早發明。太厲害了！簡直就像光靠幾個人就能防守到滴水不漏的足球隊。這麼方便的工具，必然會熱銷。

「雖然我不清楚外賣機的黃金時代，但似乎賣得很好。全盛期的月產量是三百台。不過，顛峰時期也很短。進入昭和五十年代（一九七五年代），外賣機已經普及到全國，構造簡單又牢固，根本不容易壞，沒有太多換新的需求。」

森谷負責人露出苦笑。丸新將事業重心轉移到外賣機以外的產品，藉此生存下去，但也負起製造商的責任，一直以來都注意不讓外賣機的零件缺貨。

他們的努力，在二〇〇〇年代初期有了回報。取代蕎麥麵店與町中華成為外賣界霸主的宅配披薩和宅配壽司，也都陸續來下單。

「那時真是忙到不可開交。聽說宅配壽司如果不用外賣機運送，醋飯就會東倒西歪，無法完整送達。」

如果安裝在敞篷機車上，也能用來外送披薩或蛋糕，但外賣機的種類基本上只有五種。町中華主要使用的是安裝在機車單側的單側外賣機、安裝在左右兩側的雙側外賣機，以及安裝在貨架上的後方外賣機。但不管哪一種，基本構造都是保持左右搖晃時的平衡性，吸收上下搖晃時的衝擊。

第二波熱潮至此也告一段落，由於外賣機不容易壞，新訂單也不會持續進來。不過，丸新在其他公司接連撤退的情況下，依然堅持撐下去，於是就在不知不覺間，成為外賣機最後的堡壘。現在只要有人訂購就會生產，平常只提供維修與零件更換的服務，但現在就只剩丸新一家廠商了。希望他們能像拉麵一樣，即使規模小也能長久經營，未來也繼續支持町中華。

為此我們能夠盡到的最大努力，就是叫外賣了。對於喜

丸新外賣機。
町中華的代表機種「第三型單側外賣機」，
可以裝上附有五層貨架、
裝十份餐點的外賣箱。

歡町中華卻沒叫過外賣的人而言，也會成為另一種町中華體驗吧？

寫到這裡，我一直在強調外賣對於町中華的發展而言，是不能遺忘的存在，但遺憾的是，就連町中華探險隊成員，也有很多人未曾體驗過叫外賣。我跟頂多三十幾歲的隊員說到外賣時，他們竟然回答我「這是內行人的享受方式吧」，讓我感受到「代溝」。

叫外賣的方法不難，只要找到離自己最近、店門口停放安裝著外賣機的機車或自行車的店家，跟他們拿外賣菜單即可。通常只要兩人份就能叫，我推薦找朋友一起體驗。只要一片披薩的價格就足以體驗「在家吃町中華」的活動，也兼具娛樂性。

從點餐到送達所需的時間裡，能夠想像店家從接受點餐到騎車送來為止的流程，頗有樂趣。請把略為糊掉的麵條，當成人們即使如此仍熱愛外賣的機會；餃子皮稍微變軟，也帶來一種親切感。

町中華經常使用印有店名的訂製餐具。有些人看到會很開心，覺得店家「很講究」，但只要叫過外賣，就能知道這麼做是為了實用性。碗公與盤子印上店名與電話號碼，也具有防止被偷的效果，至於湯匙與調羹應該被視為消耗品，所以才沒有印上吧？叫外賣絕對能夠帶來關於町中華的新發現。

吃完之後，也不要忘記將容器稍微清洗再歸還喔！

二、「最強打線」與「三種神器」：奇蹟的菜單

町中華朝著與專賣店完全相反的方向發展

新宿區百人町的「中華料理．日出」，是我心目中的典型町中華，這家店的牆上到處都貼著菜單，數量甚至達三位數。就一家老闆獨自掌廚的店而言，菜單的數量實在多到誇張。內容有麵類、飯類、單點料理、下酒菜，甚至還有洋食，簡直包山包海。而且不管點什麼，都會在幾分鐘後送上桌，沒遇過賣完的狀況。

老闆說他已設法減少食材浪費，但就算這種方式運作順利，還是會損失一定程度的食材。即使如此，每道菜都有人喜歡，所以他也不想剔除任何一道。老闆娘負責外場，眼光一直都擺在總是人數眾多的老客人身上。

話說回來，下酒菜之類的也不是一開始就在菜單裡。這些料理原本都是應常客要求做出的隱藏菜單，後來由於口味受到好評，才晉升為正式菜單。所以每一道料理都非常

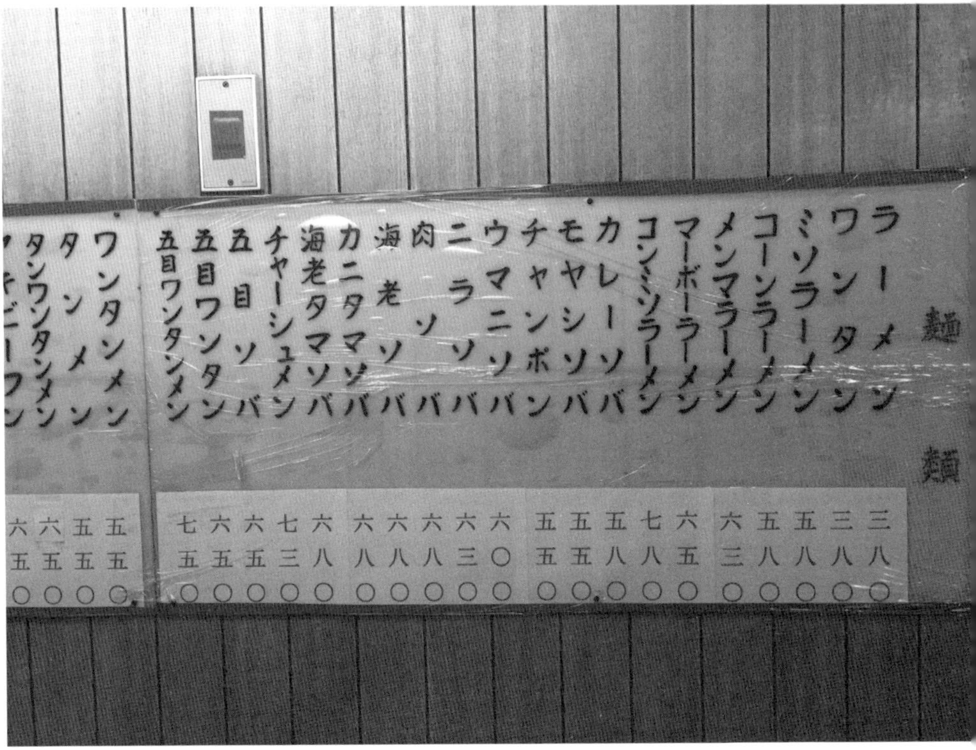

不少店家的麵類也多到令人眼花撩亂。即使下排可窺見漲價的痕跡，依然算是相當便宜。

美味。二〇一六年，老闆因為生病而突然關店時，粉絲都哀嘆「大久保的太陽西沉了」。

即使沒有多到上百道，菜單數量超過五十道的店家也是稀鬆平常。町中華一般來說都貫徹低價提供多樣化料理的風格——不，應該說他們別無選擇。部分原因也在於，町中華以全新餐飲類別之姿嶄露頭角的時間點，是在戰後的混亂期到昭和二十年代（一九四五年代）後半，從一開始就是走庶民路線的餐飲店。

即使想要改走高級路線，在「中華」這個領域裡，早在戰前

町中華的菜單大剌剌地貼在牆壁上。
這種密密麻麻的感覺如何？

就有「中華料理」類別，因此也無法輕易向其靠攏。雖然有些店以拉麵為主並縮小菜色範圍，但多數店家依然回應顧客要求而拓展領域，企圖透過增加菜單來掌握新客群。

就在町中華的菜色愈來愈多時，更加鑽研正統路線的拉麵專賣店也出現了，於是快速、便宜、什麼都賣、口味還過得去，就成了町中華的代名詞，這種傾向持續至今。

當我們對食物味道滿意時，雖然會稱讚「好吃」，但拉麵專賣店的「好吃」、高級中華料理店的「好吃」，與町中華的「好吃」有微妙的差異。獨創性與對口味的講究，是評斷專賣店好吃與否的重點。至於在高級店講究的則是食材的品質、精緻的料理方式，以及非日常的滋味帶來的滿足感。顧客去那些店，尋求的往往是專賣店該有的品質，以及與價格相符的體驗。

相較之下，町中華需要的是一種穩定感，以及日常滿足感。顧客走進店裡時，並沒有抱持多大期待，只要能提供他隨處可見的餐點，讓他一邊看著手上的體育新聞，一邊迅速解決一餐，就算及格了，這種店恰到好處。如果每道料理都令人感動、都能觸動內心，就稱不上日常的餐點。我認為吃完就忘的味道，還有不置可否的感覺，才是理想的町中華。

就如同每個家庭的味噌湯口味都不一樣，每家町中華也有不同的味道，各有各的擁護者。這樣就夠了。

話說回來，町中華之所以成為町中華，還是有一些固定的菜色吧？所以本節將針對大家熟悉的料理進行考察，看看這些料理在町中華領域的定位。

就像前面提到的，雖然町中華提供的餐點，在其歷史發展中不斷增加，但想必也有最終消失或沒能成功留在菜單上的料理。現在我們在店裡常看到的都是町中華餐點的勝利組，都是走過經濟起飛時代，緊接著克服泡沫經濟破滅後長期蕭條時期的實力派。

不，不只靠實力，還有強大的運氣。各位想必也知道，過去有一定機率會被放進菜單裡的茄汁雞肉炒飯，現在幾乎消失了。難道是茄汁雞肉炒飯實力不足嗎？沒這回事。茄汁雞肉炒飯曾經頗受歡迎，全盛時期甚至衍生出茄汁豬肉炒飯這條分支。但茄汁雞肉炒飯現在已被多包了一層蛋皮的蛋包飯奪去寶座，完全不見蹤影。

所以，現在於許多店都能吃到的餐點，可以說全都是勝利組。近二十年來新加入固定菜單的，頂多只有沾麵與擔擔麵，而且還不是每家店都有。考慮到町中華已經進入衰退期，未來似乎也不會有什麼劃時代的發展。

若真是如此，現在的町中華經典料理，或許就是走過蜿蜒崎嶇的道路所抵達的町中華菜單完成型，可說是值得探討的主題。

常客只會點固定的料理

雖然也有部分的町中華店家擁有突出的招牌料理，但多數店家在考慮菜單時，都為了廣泛回應顧客的喜好，將經典的主食、單點下酒菜、受歡迎的定食、濃重口味料理，以及與之相對的清爽且具風味的料理均衡配置。這也是因為町中華一直以來都受到常客支持，所以讓常客能視空腹程度、季節等情況，選擇符合當下感覺的料理。

這樣寫可能會讓讀者以為常客會想嘗試各種不同的菜色，但我不是這個意思。常客點餐時極度保守，不管訪問哪位老闆，他們的回答都是：

「常客都只會點固定的料理喔！」

所謂的常客，就是去愈多次，喜好就愈固定，最後只吃喜愛料理的人。偏愛拉麵的人就點拉麵，熱愛炒飯的人就堅持吃炒飯，頂多配個餃子，或者在夏天吃一次季節限定的中華涼麵。其中也有常客像打卡似地，每天都吃本日定食。只要是定食都可以嗎？沒錯。他給予本日定食完全信任，只要吃這個，就能滿意又安心。

即使如此，町中華餐館依然逐漸擴充菜單，因為每位常客的喜好都不一樣。常客和那些因為拉麵有名就來吃拉麵的顧客不同，這種資訊他們根本不看在眼裡。常客只相信自己的舌頭，無論世間評價如何，他們依然持續吃自己常點的料理。他們是連細微的口味變化都不放過的定點觀測者，對於店家而言，若被他們拋棄，想必是比什麼都可怕的事。從第二代和第三代老闆的世代交替甘苦談中，聽到很多都是在談那段埋頭苦思該如何讓批評「口味變了」的常客認可的日子。

統整上述內容，我們可以推測町中華之所以菜色豐富，是為了回應每位常客的喜好，以及讓一般顧客（偶爾來一次的顧客，或第一次光臨的顧客）能有更多樣的選擇。

菜單的最強打線

雖然有點無厘頭，但在此為了方便討論，我將核心菜單組成了打線。

打棒球的時候，第一棒到第九棒的九名打擊者輪番上陣，挑戰對方的投手。跑得快的選手、打擊力較弱卻是防守關鍵而不能排除在外的選手、全壘打王、會意外擊出安打的古怪打擊者……打線不是單純由強到弱依序排列就好，而是要為了提高得點效率排出最佳順序，將個別選手的「點」，連成一條彼此呼應的「線」。

如果將町中華比喻成一支棒球隊，選手就是各道料理。雖然會覺得種類豐富，每一道都很重要，但隨著吃過的店家愈來愈多，我對於町中華不可或缺的菜色逐漸有了概念。

為什麼多數店家都有這道菜呢？當然是因為受歡迎，或者好吃啊！但真的只有這樣嗎？我覺得不是的。我們現在看到的是町中華界花了數十年建立起來的菜單，飯、麵、單點、定食就像隸屬於球隊的選手。而這許許多多的料理中，隱藏著支撐町中華根基的固定成員。

舉例來說，若我們掃視貼在牆上的紙條，點了莫名勾起食欲的「五目燴炒飯」。我們是因為打從心底想吃這道菜才點的嗎？難道不是與旁邊的「五目炒飯」，以及再旁邊的「炒飯」評估比較後，才選擇這道菜嗎？如果這個決定的依據，擺明了就是「今天想吃炒飯」的心情，那麼「五目燴炒飯」就可說是在「炒飯」這個固定成員背後熱身的選手吧？

或者也會有明明想吃「炒飯」，最後卻點了「麻辣味噌拉麵」的情況。因為看著以炒飯為主的菜單時改變了主意，路線從「飯」大幅轉變為「麵」。這種改變看似一時興起，其實是在掃視菜單時，被拉麵軍團吸引過去的結果，是內心渴望從拉麵中找出某個濃醇滋味而做出的極限選擇……雖然我也不知道極限是什麼。但總而言之，「麻辣味噌拉麵」這位選手，就是靠著主力成員「拉麵」與「炒飯」撐腰，才能在團隊中擁有存在感。

除了拉麵與炒飯之外，町中華菜單還有其他主力成員，在切磋琢磨當中爭相出頭，如果顧客不喜歡這道，就引導他們試試那道。周邊有「五目燴炒飯」與「麻辣味噌拉麵」之類的個性派，也有吸引老主顧目光的「五目炒麵」在一旁虎視眈眈。雖然配角陣容也是各具魅力，但如果太拘泥於個別的餐點，將會看不見整體。所以，我在此忍痛選出九道料理，將町中華的打線組織起來。

「最強打線」的主軸是什麼

第一棒打擊者講究的是高上壘率，在町中華界就是餃子了。就受歡迎的程度來看，誰都沒有異議吧？我光顧的町中華餐館中，不提供餃子的只有致力於製作燒賣的店家，

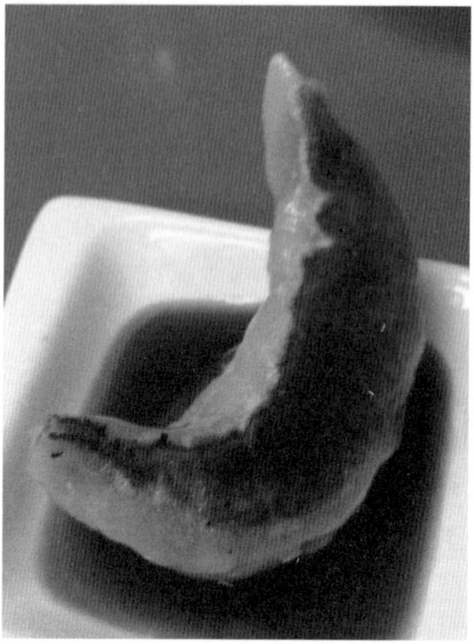

餃子是穩固的第一棒，適合下酒，
也適合配飯，讓人忍不住點一份。

以及老闆討厭大蒜的店家。不管是餃子還是燒賣都是手工製作，很費工夫。餃子擠下前輩選手燒賣，坐上了正規選手的穩固寶座。原以為適合搭配啤酒，沒想到也很下飯，還能在套餐當中以「附上三顆餃子」之類的方式提供，具備出色的彈性。如果你觀察客滿的店家，絕對能發現有人正在吃餃子。只吃拉麵而感到有點空虛時，就會忍不住開口說「再來一份餃子」。對店家而言，擁有這種能夠發揮連帶效果的菜色相當珍貴。

至於第二棒，我想要提拔不管在哪家店味道都不會落差太大的豆芽麵。該說是腳踏實地、忠實擊球嗎？總之，豆芽麵不會振臂高揮的踏實性，很適合擔任第二棒。豆芽麵深得常吃町中華的許多大叔信賴，口味看似清淡，但做成羹麵的店家也不少，濃重滋味與飽足感兼具，的確是大叔的品味。

至於中心打擊者就讓我陷入猶豫了，因為打擊順序會隨著重視的價值而改變。在棒球界，第三到第五棒一般就是隊伍的中心，能夠在關鍵時刻求勝，具有長打力。但也不只如此，我希望中心打擊者具備明星氣質，也希望由元老級選手擔任。

我的選擇標準是經典——「沒有這道菜的町中華令人難以想像」。

穩定性絕佳的豆芽麵，也是不容易踩雷的代表料理。

第三棒我選了炒飯。在味道方面，炒飯的力道足夠強勁，能夠帶動飯類料理的人氣，在團隊定位方面，炒飯也具有為第四棒打擊者登場製造機會的機敏性，甚至可以說，不提供炒飯的町中華根本不存在。飯的口感分成濕潤與粒粒分明兩種系統，配料也因店而異。老派店家會在正中央擺幾顆青豆，邊緣附上一些紅薑，外表看起來也很鮮豔。此外，町中華不是會送上小碗的湯嗎？雖然是個人意見，但我覺得最適合搭配這碗湯的應該就是炒飯了。

第四棒打擊者是中華麵，也就是拉麵。拉麵是元老級選手，從町中華曙光乍現的時代，就背負起承擔一家店的責任。雖然在拉麵專賣店出現之後，受歡迎程度與第三棒炒飯相比略遜一籌，但就招牌選手的分量來看，炒飯永遠無法超越拉麵吧？請大家回想一下町中華的外觀，印在招牌、關東旗或暖簾上的，絕大多數不都是「拉麵」嗎？明明沒有拉麵就沒有町中華，但能把這個重要性拋在腦後而隨意點來吃，這部分也很令人激賞。加上拉麵價格便宜，一家店價格最低的主食通常都是拉麵。此外，拉麵在套餐中也少不了，而在町中華喝一杯時，最後也能來碗拉麵填飽空虛的胃。拉麵正可謂萬能選手。以前是拉麵配白飯，到了近年則以半炒飯拉麵（拉麵炒飯套餐）這份劃時代的套餐扮演核心角色。拉麵確實是町中華界的泰斗，足以進入名球會。

讓我最煩惱的是第五棒打擊者。餃子↓豆芽麵↓炒飯↓拉麵，到此為止列出的都是單品，差不多該是定食出場的時候了。應該是重口味的回鍋肉吧？不不，要比重口味，韭菜炒豬肝也不會輸。我猶豫許久之後，姑且決定推薦炒蔬菜定食。因為想必很多人在年輕歲月都受這道菜照顧，因這道料理補充了稍嫌缺乏的纖維攝取而放下心來。我在結婚以前也是如此。就撫癒人心這點來看，在町中華界應該沒有其他料理能出其右。但這項提案立刻遭到反駁，即使承認炒蔬菜建立了一定程度的地位，卻沒有足以擔任第五棒強打者的氣場。

於是我再度反覆沉思，最後改變了想法。雖然定食各有魅力，但嚴格來說，都靠著與白飯、味噌湯、醬菜等組合技綻放光彩。讓所有定食類都在場下準備，反而才能表現町中華的虛懷若谷吧？

那麼該用什麼取代呢？我的答案是中華丼。

這時或許會有人提出異議，也有人擔心中華丼的存在感已不復從前，不能斷定中華丼就是受歡迎餐點吧？但中華丼冠上了「中華」兩個字，是足以與中華麵相提並論的元老級餐點，我不希望忘了它。中華丼不僅使用了大量蔬菜，能夠直接傳達勾芡的魅力，這點也獲得極高的評價。此外，近乎暴力、一不小心就會燙傷舌頭的滾燙感，讓顧客對烹飪這道料理的速度與送餐技巧留下強烈印象，為提升店家綜合評價有所貢獻。據說中華丼原本是員工餐，說起來就像低價版的八寶菜。中華丼就是從二軍出發，成功坐上板凳，最後晉升招牌選手的町中華獨創料理。

受到矚目的後段打線，以及指定打擊

後段打線全都是展現出町中華獨特性的餐點，沒有它們就彷彿少了什麼。

第六棒在中心打擊者得點之後，負責創造新的機會。如果抓住訣竅，甚至擁有超越第一棒打擊者的長打力，而且也差不多想來點與「炒飯」、「拉麵」以及「DH」（指定打擊）不同的味道了。既然如此，以蛋皮與芡汁雙重包覆白飯的天津飯如何？雖然評價兩極，但依然是大人小孩都熱愛的料理，少了這道就令人有點落寞。天津飯正因為簡單，所以也隱藏危險，只要米的品質、煎蛋用油、芡汁甜鹹度有任何一項失敗，美味程度就會遽減。

擔任第七棒的是什錦湯麵。什錦湯麵的湯是加入許多蔬菜的鹽味清湯，即使不依賴化學調味料也能煮出美味的湯頭。雖然什錦湯麵不可或缺，沒有這道料理的町中華幾乎讓人想判它出局，但由於什錦湯麵個性溫和，希望將它安排在後段打線輕鬆打擊。二、三十歲的町中華愛好者往往追求重口味，或許會有人抗議，認為什錦湯麵在場下準備就夠了。這時請讓我對這些人說一句：「你們還太年輕了。」要等到進入腰圍漸粗的中年後，才能深切感受到充滿滋味的什錦湯麵有多麼值得感謝。光靠食材原味就呈現出色的穩定感，只要按部就班製作，不應該會失敗，頂多只有對口味喜好的差異。因此如果覺得什錦湯麵不好吃，就是這家店不適合你。

接著在第八棒熱身的是炒麵。雖然我覺得可以將炒麵排在更前面的棒次，但這個古怪的選手還是安排在後段比較理想。醬汁炒麵、鹽味炒麵、廣式炒麵等，炒麵能有多種組合，為攻擊增添變化。可惜的是，炒麵的町中華感稍嫌薄弱，無論如何都比較像是祭典的攤販美食。

最後的第九棒是餛飩麵或餛飩。餛飩是主食與配菜左右開弓的打擊者，其滑順的口感，不管在哪個時代都獲得一定程度的支持。餛飩使用薄皮，在製作技術上也有難度，因此品嘗自製餛飩也很適合確認店家的手藝。比起包滿肉的餛飩，我個人更偏好在外皮展現功力的餛飩。

「中華涼麵開賣」貼紙能吸引顧客上門，色彩繽紛的外觀也吸引女性顧客光顧。

至於指定打擊，我決定由季節限定的中華涼麵擔任。町中華提供的幾乎都是重口味、能帶來熱量的料理。這種料理在冬天令人感激，但夏天非常悶熱，只靠沾麵不足以撐過去。夏天也是町中華難以招攬客人的時期，而中華涼麵就能彌補這項弱點，甚至吸引女性顧客上門。雖然也有店家一年到頭都提供中華涼麵，但我個人較喜歡中華涼麵在氣溫超過二十五度時登場，在入秋時離去，才有季節風情。

唔，這樣的打擊陣容雖然強勁，卻有點缺乏年輕感，讓人覺得與昭和時期完全沒有差別。原來如此，這正反映出町中華的現況，那就是沒有培養出新一代的年輕選手。

附帶一提，這支隊伍當中沒有投手。因為朝町中華老闆投出強勁一球的，就是上門光顧的顧客。老闆總是用便宜的價格、分量與簡單的滋味拚了命將球打回去。他們將球棒握得短一點，祈求顧客再度上門。

但町中華的菜單並沒有到此結束，町中華還有讓人埋頭苦思「為什麼會在這裡出現！」的料理。町中華探險隊對這些奇妙的料理另眼相看，視為「三種神器」。

已經連中華料理都稱不上了

町中華自從引進化學調味料、統一全國的口味後，就再也不受一波又一波的流行影響，以經典菜色為主經營至今。即使牛丼拓展勢力，沾麵成為熱潮，將其加入新菜單的依然只有部分町中華店家，而這些料理也沒有成為新的町中華經典。有些人或許會因此對町中華業界抱持保守的印象，但這是誤會。町中華原本應該具有彈性到近乎沒原則的馬虎感，與頑固完全相反，只要覺得這道料理不錯，就會積極地採納。

那為什麼牛丼與沾麵沒有成為町中華的固定餐點？我們可以推測出幾個理由。關於牛丼，最大的障礙應該是牛肉。町中華使用相同的食材製作各種不同的料理，藉此將食材損失壓到最低，同時提供多樣化的菜色。但使用牛肉的菜色很少，最具代表性的應該是青椒肉絲吧？但將這道菜加進菜單裡的町中華餐館並沒有那麼多。對町中華而言，牛丼是難以將食材應用到其他料理的餐點。其次是價格。個人經營的小店，應該不可能實現與連鎖專賣店同等的低價銷售，如果以一碗七百日圓的價格提供牛丼，也不覺得能賣得好。熟悉連鎖店口味的牛丼愛好者，應該會覺得與其在町中華點牛丼，還不如去連鎖店吧。

至於源自於町中華的沾麵，確實能夠克服食材與價格問題，但或許要歸咎於中華涼麵這項季節限定的餐點吧？在沾麵尚未完全普及時，沾麵專賣店就人氣大爆發。專賣店腳踏實地努力經營，甚至也提供溫熱的麵條等，發展出一年到頭都能吃的餐點，町中華已經跟不上變化了。

……唉，寫這種帶有分析性質的文章雖然簡單，但我從正規菜色的固定化、沒趕上牛丼與沾麵的熱潮中，感受到町中華過去的野心已衰退的寂寥。因為過去的町中華曾是淘氣的餐館，只要感受到顧客需求，就會毫不猶豫地加進菜單。

這種毫無原則的特色，也強烈保留在現在的菜單當中。最具代表性的就是町中華探險隊稱為「三種神器」的炸豬排丼、咖哩飯與蛋包飯。

明明打著中華料理的名號，卻一臉若無其事地融入日式與西式的餐點。這些料理不管怎麼看都不是中華料理，但要是在意這種事，就不是町中華了。老闆正大光明地將這些料理貼在牆壁上，與中華餐點沒有差別待遇，彷彿完全不覺得矛盾。我曾有一段時期對此感到疑惑，於是問老闆：「為什麼這些料理會在菜單裡呢？」但是都沒有得到合理的答案。那些老闆都愣了一下，再回答我：

「就算你問我為什麼，我也只能回答你從以前就是這樣了。」

町中華的特質，就是不會去思考作為一個類別，有無整合性等細節，而這種特質在菜單中創造出混沌。我想就是因為有炸豬排丼、咖哩飯與蛋包飯，町中華才會成為整體有些詭異平衡的餐館。

顧客也一樣，不會去在意町中華有這些異質料理。我從學生時期就被町中華餵養到現在，一直以來也理所當然點這些料理來吃。我直到組成町中華探險隊，光顧了許許多多店家後，才察覺原來有那麼多提供炸豬排丼、咖哩飯、蛋包飯的町中華餐館。

微不足道的堅持比不上本日業績

「三種神器」指的是八咫鏡、天叢雲劍與八尺瓊勾玉，被視為皇位的象徵，由歷代天皇繼承，而大眾使用這個詞彙，通常都是其延伸含義——「集齊最理想的三種」。從昭和三十年（一九五五年）左右開始的高度成長期，被稱為「三種神器」的是電冰箱、洗衣機、黑白電視機；到了昭和四十年代（一九六五年代），彩色電視機、冷氣、汽車就被視為「新・三種神器」了。

炸豬排丼和蛋包飯坐鎮的料理樣品櫃裡，也有「醬汁炒麵」。

至於町中華界，尤其像那些開業超過五十年的老店，通常也都集滿了炸豬排丼、咖哩飯、蛋包飯這三道經典的非中華料理，因此這「三種神器」甚至在某時期成為正統派町中華的必備條件。雖然幾經確認後發現，沒有集齊這三種理想料理的店家中，也有許多屬於讓人忍不住稱讚「這才是町中華」的名店，因此將這項條件排除。但我直到現在，都依然忍不住在看町中華菜單時，尋找這三道菜。

雖然那些老闆的證詞源自於模糊的記憶，但從中能夠感受到的是，不管是不是中華料理，只要顧客提出要求就積極提供菜式的野心。比起微不足道的堅持，本日業績更重要，以這種態度勤奮做生意的結果，就是這三道獲得顧客支持的料理逐漸成為經典。黎明期的町中華，對手應該是相當於餐飲界前輩的大眾食堂或蕎麥麵店，為了趕上甚至超越它們，只能以「什麼都賣」來決勝負。

我認為這種自由與馬虎，就是町中華的魅力之一。町中華的基礎雖然是從戰前開始營業的中華料理店，後來卻透過從滿洲回日的人引進正統滋味，以及戰後加入這個業界想白手起家的人的巧思，完成屬於町中華自己的進化，成為「日式中華」這項餐飲類別。町中華的拉麵使用小魚乾熬煮湯頭、在炒飯裡加入魚板等，隨處可見日本料理的傳統。

既然如此，即使哪個老闆有這種想法也不足為奇：

「來賣炸豬排丼好了，客人好像很喜歡。」

或者也有原本不是做中華料理的廚師，選擇了町中華這種看似開業門檻較低的經營型態。曾在洋食餐廳當學徒的老闆，在構思菜單時這麼想：

「麵類、飯類、單點菜式……再加一項洋食類好了。」

總而言之，為了提供便宜、分量滿點、令人活力十足的餐點，能夠用得上的全部都用。町中華崇尚今日業績至上主義，為了讓日本人買單，提供的菜色便不是正經八百的中華料理，拜此之賜，町中華才進化成今天這種奇妙的型態。

如果炸豬排丼在某家店熱銷，其他的町中華餐廳也會跟著引進。這道餐點看起來受歡迎，總之就先試試看，要是不賺錢再停賣就好了，這類餐點絕對多不勝數，結果最得到大眾普遍接受的，應該就屬「三種神器」了。

但為什麼是炸豬排丼、咖哩飯和蛋包飯呢？原因依然成謎。歐姆蛋和茄汁雞肉炒飯去了哪裡？日式牛肉燴飯不行嗎？親子丼與雞蛋丼無法完全成為主流的理由是什麼？

我的推測是，這些類似的餐點都被「吸收合併」了。盡管提供非中華料理的餐點不是不行，但既然根基是中華料理，也不能漫無目的地增加種類。如果這些非中華餐點的主要任務，是讓今天不想吃中華料理的顧客、女性與兒童客群能有其他選擇，多少阻止顧客流入其他店家，那只需要最低限度的種類即可。

就這樣，經過了激烈的生存戰後，代表選手固定下來了，分別是丼飯組的炸豬排丼、家庭料理組的咖哩飯，以及洋食組的蛋包飯。

那麼，為什麼這幾道菜儘管不是中華料理，卻在町中華獲得了獨特地位而脫穎而出呢？這三道料理的現況又是如何？

炸豬排丼是活力的象徵

思考炸豬排丼的魅力時，只要想想看蕎麥麵店就能理解。我們在蕎麥麵店點炸豬排丼的最主要原因，就是大口咬下的肉感。只吃蕎麥麵太清淡，也很快就會餓，考慮到種種因素後，就從菜單中選出在丼飯類擁有最強活力的炸豬排丼。

在町中華也是同樣的狀況。點炸豬排丼是想要吃得爽快，說得更貪心一點就是想要吃肉。雖然中華料理的菜單中也有排骨麵（飯），但經過評估比較，考量到外觀上的魄力、日本人的熟悉感，以及吃的時候能夠一氣呵成不中斷這幾點，炸豬排丼還是略勝一籌。此外，即使與親子丼或雞蛋丼比較，炸豬排飯還是在力道方面占上風。因此那些飢腸轆轆、追求日式口味豪邁餐點的傢伙，全都會選擇炸豬排丼。

這種時候，完全不會考慮為什麼要在中華料理店吃日本料理之類的問題。對於熟悉町中華的大叔而言，炸豬排丼是理所當然的餐點。既然有就點啊，有什麼意見嗎？

　那麼，剛開始獨自生活的學生，這類客群又會怎麼想呢？這點在昭和時代也不是問題。他們忐忑不安地走進中華料理店，發現有炸豬排丼時，是這樣的心情：

「啊，有炸豬排丼。吃肉吃肉！打工薪水也入袋了，今天就奢侈一下吧！」

我的腦中忍不住浮現這種情景。我的町中華經歷，就從學生時期開始光顧高圓寺的「中華料理・大陸」開始，但我只有吃過炸豬排丼的印象。在一九八〇年當時，還沒幾家三百日圓就能吃到炸豬排丼的餐館。其實這裡的炸豬排丼味道不怎麼樣，以厚厚一層麵衣增量，帶來一股非比尋常的消化不良感，吃完後立刻覺得後悔已是家常便飯。但過了一段時間，又會莫名其妙想吃，最後還是忍不住走進店裡。

砰！炸豬排丼以豪氣干雲的強烈存在感登場！
塞滿滿的白飯令人開心。

　我想他們應該沒有親子丼或雞蛋丼。即使有我也應該沒點過，因為這兩種丼飯明顯不夠力。關鍵因素可能不是肉，而是有沒有麵衣……

　現在的學生，或許不會因為這種似肉非肉的

料理而興奮了。但對於昭和的窮學生而言，以肉填飽肚子極端奢侈，炸豬排丼就是大餐了。町中華如果提供便宜的炸豬排丼就會令人心情雀躍，反覆光顧幾次後，「町中華就是能夠便宜吃到炸豬排丼的餐館」這種印象就烙印於心，感覺上就和那些大叔顧客一樣了。

如果想吃炸豬排丼，不是可以去蕎麥麵店嗎？這其中有微妙的差異。蕎麥麵店的炸豬排丼有品質；町中華的炸豬排丼則是野蠻，為了配合中華料理而分量十足。此外，蕎麥麵店和町中華客層也不同。町中華的顧客都是男性，在一九八〇年當時都還很年輕。店裡的人也都很豪邁，即使停留時間只有三十分鐘左右，也能讓人感覺忘掉寂寞。

炸豬排丼兼具大餐感與野蠻，儘管屬於日式料理，在高度成長期依然躋身町中華的受歡迎餐點，但可惜仍有一項缺點，那就是缺乏能與拉麵組合的靈巧，終究只能成為和食單品第一名。

現在想便宜吃肉已有許多選擇。而且牛丼之類的，只要炸豬排丼的半價就能吃到。肉等於大餐的意識也變得薄弱，那種象徵旺盛精力的餐點，逐漸變成辣味料理或巨無霸料理。提供炸豬排丼的店家或許會因此逐漸減少，但請一定要堅持下去。我無法想像炸豬排丼之名從牆壁上消失，作為象徵町中華這種什麼都賣的昭和飲食文化日式料理，請與町中華一起走到最後。這是我的希望。

咖哩飯的萬能感與蛋包飯的性感

咖哩在明治時代從英國傳到日本，日本國內廠商則在明治末期開始製造。自此之後，許多企業都爭相研發咖哩粉、速成咖哩糊等產品。咖哩的破竹之勢到了戰後也沒有停止，昭和二十九年（一九五四年），現在的SB食品因為推出正統的速成咖哩塊而人氣沸騰。於是咖哩進入昭和三十年代（一九五五年代）時，一口氣普及到家庭。原本屬於印度料理的咖哩，根據日本人的喜好調整口味，現在甚至被視為與拉麵相提並論的國民美食。

昭和三十年代（一九五五年代）剛好就是町中華脫離黎明期，開始不斷成長、店鋪數量急遽增加的時候。一方面也是因為各店都拚了命吸納常客，而對於這些想要迅速提供受歡迎料理的店家而言，無論男女老幼都熱愛的咖哩飯，想必是絕佳目標。

咖哩飯恰巧充分具備了町中華追求的強大力道。無論使用什麼樣的香料，咖哩都依然是咖哩。咖哩的強大，連味噌都不放在眼裡，如果在豬肉味噌湯裡加入咖哩粉，做出來的就是一碗咖哩，即使口味重之又重的韓式泡菜也不足以與咖哩為敵，而且咖哩還能充分發揮味噌與韓式泡菜的風味。

蕎麥麵與烏龍麵業界也動了起來。日式湯頭與咖哩的搭配相當出色，這種口味成為經典的「蕎麥麵店咖哩」，也帶來了咖哩烏龍麵之類的新商品。町中華也不落人後，顧客毫不抗拒地接受了加入拉麵湯頭的咖哩，於是咖哩飯就歡天喜地成為菜單上的一員。由於加入了湯頭，所以也和蕎麥麵店一樣形成了獨特風味。拜此之賜，即使出現許多咖哩專賣店，町中華也沒有互相競爭，或是遭到模仿。

咖哩飯也能使用於套餐中，
與拉麵的組合破壞力驚人。

咖哩也兼具機敏靈巧。不同於因為太過強烈、只能發揮單品功能的炸豬排丼，咖哩飯也能在套餐中大顯身手，譬如拉麵配迷你咖哩飯的組合。除此之外，咖哩還具備其他食物所沒有的優點，那就是幾乎沒有人討厭咖哩。如果有幾個人一組的小團體光臨町中華，有時不一定所有人都想吃中華料理。話雖如此，炸豬排丼又太油膩，尤其女性對丼飯的態度可能較消極。這時候就會爆發出這句經典台詞：

「啊，咖哩飯似乎不錯。」

就守備範圍如此之廣來看，咖哩飯說不定是超越拉麵的存在。

＊

町中華的蛋包飯，或許是曾在洋食店工作的老闆沒想太多就推出的料理。我推測在咖哩飯出現的時候，蛋包飯就已經存在，但守備範圍沒有那麼廣。蛋包飯不是家常食物，想要做得好需要技術。作為一道外食料理，蛋包飯以穩定人氣為傲。讀者或許根據以蛋皮包覆著茄汁雞肉炒飯的造型，推測這道料理的目標客群是兒童或女性。我很喜歡蛋包飯，原本也多少抱持著同樣想法，但在町中華探險的過程中，我發現這是錯的。

蛋包飯是「三種神器」中最缺乏力道的料理。口味在整體町中華料理裡也屬於溫和派，在追求重口味的年輕人之間並不是那麼受歡迎。而對於高齡者而言，蛋包飯也不是那麼熟悉的味道，如果想吃口味溫和的食物，往往會選擇更清淡的什錦湯麵。至於女性與兒童，會來町中華的人數本來就很少。但就連未曾在洋食店工作過的老闆，也願意將這道很費工的料理納入菜單，若以消去法思考，能夠想到的理由，就只有大叔客群點了不少蛋包飯。

雖然難以置信，但我開始觀察後發現，四十到五十多歲獨自光臨町中華的顧客中，真有不少人是蛋包飯的擁護者。那些津津有味大口吃著町中華蛋包飯的，絕對是那些中年大叔。

我本來覺得他們的原動力或許來自懷念感。我以為，他們雖然在餐廳點蛋包飯會有點難為情，但如果在町中華，就能毫不猶豫地點小時候喜歡的蛋包飯來吃。

但某天我發現，蛋包飯在町中華當中，堪稱是唯一帶有女性氣質的料理。所以儘管不太重口味，依然是多年來受到喜愛的非中華餐點。

請不要露出一臉「你在說什麼」的表情，稍微回想一下：町中華提供的蛋包飯，不是最近流行的鬆軟滑順型，而是以蛋皮包覆住茄汁雞肉炒飯的傳統型。整體而言是圓潤、柔軟、熱騰騰又鬆軟軟的食物。送上來時微微冒著蒸氣，散發出好聞的香味。如果要賦予蛋包飯性別，誰都會回答女性。

哎呀，當然沒必要思考這種事。如果端出來，顧客只要負責吃就好了。但我覺得，一旦把蛋包飯看成女性，不管是那些經常忍不住點來吃的大叔，還是吃的時候一臉幸福的樣子，都有了解釋。所以我有一段時間，每次去町中華都吃蛋包飯。

結果我漸漸發現，原本以為蛋包飯不管在哪裡吃味道都差不多，卻也具有各家店的特色。理想的蛋包飯，肌膚（包住飯的蛋皮）光澤有彈性，完全沒有任何鬆弛，並且在這樣的肌膚上，塗上一層名為番茄醬的口紅，送到餐桌上。但不是每家店的完成度都這麼高，有些膚質粗糙（蛋皮破裂）、有些妝上得太濃（番茄醬太多）、有些口紅塗了出去（番茄醬滴到其他地方）等，形狀也各不相同。

如戴上髮飾的少女清純的蛋包飯，
讓那些大叔深受感動。

讓我感動的店家所提供的蛋包飯，是由老闆的兒子製作，再由身為老闆娘的媽媽親手整理形狀，擺上幾顆青豆送上桌。蛋皮包覆著茄汁雞肉炒飯的纖細飯體，襯托出番茄醬的鮮紅。而青豆就彷彿少女的髮飾。我甚至覺得用湯匙戳下去有點罪惡……想太多了啦！

町中華的菜單研究到此為止，前半以餐點組織棒次，後半則探討炸豬排丼、咖哩飯、蛋包飯這「三種神器」。個性十足的食物彼此碰撞，以麵、飯、單品取得平衡，就連非中華的菜色也一併納入，醞釀出我們印象中的町中華風貌，並熟成至今。沒有提到的菜色中，也有不少像糖醋里肌等擁有忠實粉絲的菜色，正可謂人才濟濟。

希望各位下次光顧町中華餐館時，可以仔細瀏覽貼在牆壁上的菜單。譬如最先出現的麵類通常是拉麵，但也有店家將什錦湯麵擺在前面，這就是店家對什錦湯麵有自信的證據。反之，店家積極推銷的套餐，極有可能不是受歡迎的餐點類型，而是店家本身想銷售的餐點。

町中華的老闆往往給人頑固、沉默寡言的印象。但只要看這些店的牆壁，就特別具有反方說服力。我在餐點送來前的這幾分鐘，一邊仔細觀察牆壁，一邊想像老闆如何決定菜單，這對我來說已成為町中華探險隊的樂趣之一。

三、顛峰的八〇年代

出師組與老店第二代接連掌廚的第一高峰

町中華的全盛期在什麼時候呢？這個問題很難回答，但我認為町中華發展至今，有三個時期必須注意。

最初是一九五〇年代（昭和二十年代後半至三十年代前半）的黎明期。前面也提過，這段時期日本逐漸脫離戰後混亂，循各種途徑走上大眾中華料理之路的人，開始有了自己的店。

那麼接下來呢？

我根據在老店訪談的內容，試著再一次整理戰後至今町中華的發展。

一九五〇年代開業的町中華，主要都是由臺灣與中國的廚師，或是從戰前就在餐飲店工作的人掌廚。員工或許會循各種管道進來工作，但推測早期募集人手的模式，多半是靠關係引介，譬如血緣關係或老闆的同鄉等。想想也是理所當然，就雇主的角度來看，沒什麼比來歷可靠更重要，而被僱用的人也不希望對方把自己用完就丟。

當時的町中華是個「大家庭」，老闆身為大家長，與家人和員工之間緊密連結。雇主會準備員工居住的房間，大家一起生活、團結一心努力工作。在這種制度下，即使不願意，彼此的羈絆也會加深，對員工來說也能激勵士氣。只要在這裡就能吃得飽，也能在榻榻米上睡覺，吃住都有保障是最大的優點。

設定目標也很容易。在町中華工作，就必須把這裡當成起點，想辦法開拓自己的人生。首先是學習中華料理的烹飪技術，成為獨當一面的廚師。接著會想在未來開一家自己的店，到時候也會考慮結婚，而後想提升店裡生意，交給孩子繼承。

這種夢想具有恰到好處的真實感，只要認真工作似乎就能實現。所以員工當然會拿出真本事，也會愈來愈努力。動力之高不是如打工賺賺零用錢比得上的……

一九六五年（昭和四十年）左右，員工陸續出師開業。町中華的黃金期就從這時開始。

雖然有些人會使用新店名開一家自己的店，但出師組偏好選擇「開分號」，也就是使用老東家的店名。分號的形式不是像連鎖店那樣擁有統籌所有分店的總部，而各分店都提供相同的口味與服務，而是根據各分號的判斷，自由做生意。因此，町中華自力更生的風氣很強烈。

有些町中華的老闆，完全不在意同業端出什麼樣的口味，菜單又是如何設計。他們並非不求進取，多半是因為老東家的口味已成為無法改變的基礎。也可以說，他們一直以來都提供這樣的口味，也有了常客，便沒有改變的必要。畢竟町中華餐館比我們所能看到的還要忙碌，從備料到收拾都要做，想必也沒有時間去各家店品嘗研究吧？

我認為這種傾向讓町中華變得有趣。各店都以一方霸主之姿獨自進化，最後建立起一個多采多姿的世界。町中華原本應該是日本發展出來、類似快餐的餐飲店，而老闆也容易展現個人風格。有些店白天是餐館，晚上變身居酒屋，沒有以何者為主的區別。也有一些餐廳上菜迅速，而老闆與顧客卻滔滔不絕熱烈聊著棒球。

我除了探險隊的活動之外，也會為了雜誌採訪、錄製電視節目而走訪各家町中華餐廳，但從沒有任何一次因為不知道該寫什麼、該說什麼而煩惱。任何一家店都有屬於那裡獨一無二的故事。我想就是因為每家店的味道、歷史、經營型態都不相同，所以不管走訪幾家店都不會膩。

經過一九七〇年代的蓬勃發展，進入一九八〇年代的顛峰期！

就如我在前面所述，町中華的黃金期，在一九六五年（昭和四十年）至一九七五年（昭和五十年）間，一口氣加速到來，第一代老闆在這時開始交棒給第二代，世代交替帶來了新陳代謝，早期員工出師開業也使町中華店鋪數量增加。町中華已普及到全國，無論都市還是鄉村，都想必發生了同樣的現象。

時代也推了一把。當時是高度成長期，景氣絕佳，建設熱潮帶來許多從事工地工作的人。戰後嬰兒潮誕生的孩子也長到了大約二十歲，成為町中華的主要客群。

請試著想像一九七〇年的狀況。老店儘管完成了世代交替，第一代老闆依然退而不休，與第二代一起進入廚房。小老闆幹勁十足地想要長久經營，所以也興起了重新裝潢剛接手店鋪的想法，就當成對未來的投資吧！

另一方面，開分號組與出師組的生意也逐漸上軌道，還想多開幾家店。老闆的年齡層以三十多歲為主流。景氣依然大好。儘管街上也出現了拉麵專賣店，但仍沒有撼動町中華在大眾中華領域的霸主地位。我想，這段世代交替、開分號組與出師組的崛起接連不斷的時期，堪稱為町中華史上的第一高峰也不為過。

但還要再過一段時間才是全盛期。即使競爭變激烈、冷清的店遭到淘汰，新開的店依然比淘汰的店更多。理由很簡單，到了一九七五年之後，在之前開分號、出師組的店當學徒的人，也差不多該出師獨立了。全國各地又像是說好似地，多了更多新開的店。

接著，町中華彷彿配合社會的活絡氣氛蓬勃發展，終於迎來第二波崛起，也是最大的高峰。這些開分號組與獨立組的孩子都長大了，到了接棒的時期。

當時是一九八〇年代。除了拉麵專賣店之外，連鎖店、家庭餐廳等也加入了爭奪外食產業主導權的戰場，在這種情況下，町中華擁有外賣與常客這兩大優勢，因此雖然樸素卻善戰，踩在逐漸攀上顛峰的日本經濟浪頭上，一步也不退讓。町中華成為數量龐大、受歡迎、價格也穩定的餐飲產業。

我試著將當時的勢力版圖整理出來：

老店：開業約三十年，第二代過了四十歲，正值顛峰狀態。

開分號組與出師組：除了剛出師開業的新店之外，有些出師組也出現第二代，靠著年輕與活力擴大勢力。

但是，光憑這些「正統派」，難道就足以讓町中華達到只要站在稍具規模的小型社區車站前，就有好幾個招牌映入眼簾的絕頂巔峰嗎？答案是否定的。町中華是即使味道、店面和服務都馬馬虎虎，也能穩定賺錢的業種，經營上當然也有辛苦之處，可一旦在當地扎根，就不會輕易倒閉。這裡也是町中華、那裡又一家町中華，明明感受不到任何突出之處，卻能牢牢抓住常客。既然如此，我也來開一家好了……

沒錯，在町中華的全盛期後頭推一把的另一要素，就是離職創業的上班族，以及計畫轉換跑道的生意人加入。町中華業界各方面門檻都算低，容易吸引來自其他業種的人進入。一九八〇年代後半，瀰漫全日本的高昂氣氛與過量金流，在想要創業的人背後慫恿著，彷彿在說「現在就是機會」，不斷把他們往前推進。

那是什麼樣的氣氛呢？我在八〇年代後半是個菜鳥作家，生活過得相當寒酸，完全沒有景氣大好的感覺。不管在什麼時代，受惠的都只有一部分的人。町中華大概也是，即使以破竹之勢成長是事實，但要開一家店並讓生意上軌道，依然只能靠腳踏實地努力工作。

當我正在思考不想只用「全盛期」一筆帶過，也想仔細訪問創業約四十年左右、從其他業種投入町中華的店家時，腦中浮現了一間餐館。這家店是位於我以前經常搭乘的

JR中央線西荻窪站附近的「丸幸」。接下來我想把焦點擺在丸幸，一窺一九八〇年代這段町中華的顛峰期。

老闆是軼事寶庫

自從組織了町中華探險隊，我只要有機會就會找老闆聊天，問問這家店的歷史、菜單的變遷等等。即使老闆露出莫名其妙的表情，我也會為了滿足求知欲而緊咬不放，有時也會在這樣的過程中聽到不錯的故事。從開店幾十年的老闆口中聽到的話語別具真實性，而且在任何導覽手冊中都找不到，這些老闆就是軼事寶庫。

譬如這樣的故事：一九七〇年代的千代田區神保町有多到離譜的麻將莊，相較之下，做外賣的町中華少得可憐，傍晚之後就忙翻天，甚至還得僱用專做外賣的人員。結果老闆和幾乎每天叫外賣的麻將莊女性經營者戀愛結婚了。

接著換老闆娘開始說話。雖然都更之後麻將莊數量遽減，但當時的神保町曾有許多小出版社、印刷廠、照相排版廠、裝訂廠等等，麻將莊就因這些人而生意興隆。

「我因為想做生意而選了麻將莊，店裡生意也好得不得了，結果竟然莫名其妙就變成町中華的老闆娘。」

二十多歲的女性會決定經營麻將莊，應該是因為神保町這個地方曾經充滿了「正派的喧囂」吧？一九八〇年代前半，我開始在神保町的編輯製作公司打工，那裡依然保留了這種氣氛。當時真應該去麻將莊看看的。

雖然是與採訪主題無關的私人故事，但我聽著聽著，腦中就響起了麻將洗牌時的嘩啦嘩啦聲，浮現了我所沒看過的歡樂光景。

話雖如此，我在組織町中華探險隊以前，從來沒有與老闆搭過話。比起吧檯座位，我更喜歡離老闆較遠的餐桌座位，而且一坐下來就點餐。電視如果開著，就漫無目的地看電視，如果沒得看，就尋找報紙或雜誌，要是連報章雜誌也沒有，就拿出文庫本閱讀。料理送上桌後就默默地吃，吃完立刻站起來結帳、走出店外，停留在町中華的時間只要有二十分鐘就夠了。即使常客與老闆似乎聊得很開心，我也不曾豎起耳朵。我當時只把町中華當成自己一個人安靜填飽肚子的地方。

在町中華聽說一九七〇年代以前的西荻窪

但只有一家店例外，那就是西荻窪的丸幸。二〇一六年春天以前，我在西荻窪有一間事務所，而這家店就是從事務所往車站的路上唯一的町中

丸幸的老闆渡邊久，他在一九八七年左右開店。

ボリュームたっぷり
ビールに最高
焼酎
老酒
950

華餐館。

丸幸不提供炸豬排丼與蛋包飯，只以中華料理決勝負。這家店位在我的生活動線上，口味也符合喜好，所以不時會去光顧，但有好一陣子總是吃完就離開。畢竟如果老闆認識我，還對我說「謝謝您再度光臨」，不是很尷尬嗎？

這家店還有另一項特色，那就是晚上來喝一杯的人很多，而且不少人都是熟面孔。町中華探險隊稱這種也兼具居酒屋功能的店為「中華居酒屋」，視為一種特定類別，丸幸也有這樣的特質。但一群人來吵吵鬧鬧的顧客很少，主要都是單獨來吃餃子配啤酒的客人，會一邊看電視上的棒球比賽，一邊與老闆閒聊，喝得差不多就點一碗小份拉麵收尾。

這類客人散發出莫名的哀愁感，對夜晚的町中華來說是不可或缺的存在。只要有了他們，日常感就會大幅增加。他們的年齡層偏高，不會像在居酒屋那樣吵鬧，也不是聊得特別熱烈，對話內容幾乎都是昔日回憶、職棒與附近的八卦。大家都是熟面孔，來這裡只是因為一個人在家喝很無聊，所以也不需要聊什麼熱門話題。

我即使以每月一次的頻率光顧，過個幾年，也逐漸成為被認得的常客面孔。老闆與老闆娘和我說話時就像朋友一樣，我也逐漸習慣與他們對話。

作者熱愛的丸幸味噌拉麵，
裝在大碗公裡分量滿滿，吃起來卻不會膩。

某天深夜，我偶然坐在吧檯，結果大家開始聊起西荻窪的昔日風貌。我點的味噌拉麵來了之後，老闆接的點單告一段落，也拿了杯啤酒參戰。這個話題非常有趣。

據說，在高架橋完成之前，站前曾是平交道。到了晚上，居酒屋的店員為了招攬下班的人或是中途下車想喝一杯的人，都會在平交道的對面等待，其中也有身穿和服的美女店員。在平交道前等待時思考要去哪家店，是一種樂趣。

據說，雖然西荻窪站只有一個靠荻窪那邊的驗票口，但曾有傳聞要在靠吉祥寺這邊建造另一個驗票口。老闆剛好那時正在尋找店面，他心想，如果驗票口增加，這裡就會成為絕佳地段，於是決定在現在的地點開店，但等到天荒地老驗票口都沒有蓋好。多虧這個傳聞，丸幸才能自開店以來都一直在人煙稀少的小巷營業。

這個話題詳細地進到我耳裡，讓我忍不住有所反應。剛開始只是笑而已，後來卻不知不覺打破砂鍋問到底。這是我在町中華人生中，第一次吃完飯之後還在店裡待了三十多分鐘。

自從這晚之後，我離開時得到的招呼，就從「謝謝光臨」升級成「今天也謝啦！」而走進店裡時，老闆也開始跟我寒暄「今天好熱喔」。我後來才聽說，有些顧客不喜歡老闆跟他說話，而老闆原以為我也是其中之一（實際上也確實是如此）。

丸幸的外觀。
種類不一但細心照顧的盆栽，令人印象深刻。

我與丸幸逐漸熟稔，也開始聊到我住在松本、往返西荻窪的事務所，以及我所從事的工作之類的事。雖然不是非得特地告知，卻也沒有隱藏自己身分的必要。這麼一來，我就想跟他們說一聲自己開始町中華探險了，而即使事務所退租，來到西荻窪時也想去探望老闆與老闆娘。

於是我想到，丸幸在一九八七年開業，其歷史不是有很大一部分與町中華最後的高峰重疊嗎？丸幸的歷史，也是一名男子從高度成長期闖過泡沫經濟的故事，我想聽的不只是零碎的片段，還想仔細訪談。

老闆是一九四六年出生的戰後嬰兒潮世代，現在已經七十多歲。雖然揮舞炒鍋的動作至今依然輕快，卻從來沒有感受到年齡障礙，但老闆說最近已經無法像以前那樣豪邁喝酒了。丸幸沒有繼承人，如果老闆不想做了，就到此為止。要是店收起來，我們之間也不會再有交集。所以想要詳細探問，就得趁著現在老闆依然活躍的時候。

當過二十二年的那卡西歌手！

「我不是原本就對餐飲業有興趣。我雖然在福島縣的鄉下長大，卻是有夢想的。我的夢想就是當歌手。」

老闆渡邊久出乎意料的坦白讓我嚇了一跳。原來如此，他曾嚮往當歌手啊！他應該曾在NHK揚聲歌唱大賽獲得優勝之類的吧？

「完全沒有。我只是喜歡唱歌而已。我很崇拜當時的流行歌手，像是三橋美智也，為了成為歌手決定上東京打拚。」

與其說是大膽，不如說是有勇無謀。但這個夢想竟然成真了。渡邊久沒學過像樣的唱歌技巧，十八歲就到東京，真的成為歌手了。

「我有鎖定目標啦！我看到報紙上的廣告跟經紀公司聯絡，然後才上東京的。」

渡邊久看到的廣告是，派遣那卡西的經紀公司所刊出的歌手招募廣告。當時他腦中模模糊糊浮現的想像，用現在的話來說，就是樂團的主唱。但他心想，可不能挑三揀四，只要能成為歌手，不管哪種歌手都可以，於是連那卡西的工作都搞不清楚，就跑去練馬區上石神井敲經紀公司的大門。

「那是一間專做那卡西的經紀公司，旗下歌手大約也有二十人左右吧。聽公司裡的人說，這個工作是在各居酒屋巡迴，唱客人所點的歌。我心想太好了，我能夠成為歌手，所以立刻拜託他們讓我加入。」

那是沒有卡拉OK的時代。即使如此，人只要喝酒就會想聽歌，也會想唱歌。那卡西歌手為了回應這種需求，走過一家又一家店，接受顧客點歌，拿著吉他自彈自唱。雖然這個職業現在幾乎絕跡了，但直到一九七〇年代左右都還有專門的經紀公司，那卡西有充分的需求量，當個職業足以餬口。

「我記得自己滿腦子只想著唱歌，卻不會彈吉他，所以每天練習兩個小時。公司老闆就是吉他師父，他花了大約半年傾囊相授。我一開始寄居在橫濱市綱島的朋友家，因為太遠了，住了一個月就搬出來，師父讓我住到他家去。師父說，你沒地方去就來我家吧，真的給了我很多照顧。」

渡邊久好不容易學會彈吉他，也能夠彈曲子了，於是跟著前輩到現場實習。實習結束後，他就算是獨當一面的歌手了。經紀公司旗下歌手渡邊久，就此誕生。公司決定讓他負責中央線的中野到西荻窪站之間，開始了在居酒屋街走唱的日子。

酬勞採取完全抽成制，經紀公司與歌手對半分。費用是兩首歌一百日圓。他在一九六四年出道，當時大學畢業的公務員起薪為一萬九千一百日圓，週刊雜誌的價格是五十日圓，如果一個晚上有二十組客人點歌，實際到手的酬勞就有一千日圓，收入並不差。難道渡邊先生就這樣，一邊累積實力與資金，一邊以在主流市場出道為目標嗎？

「不，我只要能當歌手就行了，沒特別想成為流行歌手。那卡西既能夠賺錢，客人又會請我喝酒，我就滿足了。大概因為年輕吧，我還蠻受歡迎的喔！一走進店裡，就會有客人說『喲，我們在等你，幫我們唱那首歌吧』之類的話。我在居酒屋走唱，盡是聽一堆別人的醉話，所以出乎意料地對社會趨勢很敏感。那時該說是景氣大好嗎？總之是個大家都相信明天會比今天更好的時代吧？我也經常收到小費。」

話題遲遲輪不到町中華，這也難怪，因為渡邊先生竟然就這樣唱那卡西唱了二十二年，直到四十歲才退休。他在二十多歲結婚成家，貸款買了戶公寓，那卡西收入狀況也絕佳，沒理由不繼續唱。大眾對那卡西的需求量後來雖因卡拉ＯＫ出現而減少，但渡邊先生擁有忠實熟客，所以收入並沒有銳減。

「很多唱那卡西的人，退休之後都跑去開居酒屋。他們的想法很單純吧？不過我看那些前輩大多都失敗了。很多人沒學過相關技能就跑去開店，有的人跟客人喝成一片，結果搞壞身體。所以我覺得開居酒屋不可行。話雖如此，我也不知道自己一路走來除了唱歌還能做什麼……」

渡邊先生遲遲不為將來做打算，讓年紀比他還大的妻子泰子女士（老闆娘）看不下去。那卡西這個職業不可能做一輩子，如果不趁還有餘力時跨出下一步，就不太妙了，於是她勸渡邊先生去考張證照。後來渡邊先生就在她的勸說下，於一九七六年考取廚師執照。因為若真的去開居酒屋，只讓客人喝酒的店生意也不會好。

這個判斷相當精準。進入一九八〇年代後，那卡西就如同預期般地開始敵不過卡拉ＯＫ，泰子女士逼著阿久先生為將來人生做打算，至少拿出目標或計畫。

「當時我三十七歲，所以應該是一九八三年吧？老婆問我到底有什麼打算，結果我忍不住說：我要開拉麵店。」

莫名其妙，他是認真的嗎？

「老實說我是逼不得已。說出口後，自己也嚇了一跳，我要開拉麵店？（笑）但說都說了也沒辦法，所以我下定決心開始行動。」

他好不容易動起來，尋找拜師學藝的地方，後來依靠人脈進了神田神保町的名店「伊峽」。他告訴老闆想要盡快出師，從洗碗、熬煮湯頭的方法開始學起。晚上仍繼續唱那卡西，所以渡邊先生總是在睡眠不足、步履蹣跚的狀態下學習餐廳工作。

不過，泰子女士更加意識到現在就是關鍵，雖然也存了一些錢，但不足以開店做生意，老公也盡自己所能好好努力了。

怎麼辦呢？泰子女士就在家事育兒兩頭燒的情況下，開始兼職送報。

在浴室掌握甩鍋的訣竅

渡邊先生經過三年學習，便開了這家「丸幸」。我覺得有趣的是，渡邊先生想像中的拉麵店不是拉麵專賣店，而是這種町中華形式的店。

放在二〇一九年的今天，若有人想賣拉麵，想到的絕對是拉麵專賣店吧？但直到一九八〇年代中旬，拉麵店等同於町中華。雖然當時已有拉麵專賣店，但町中華仍占據站前的黃金地段，而且生意很好。此外，即使號稱拉麵專賣店，也很少只賣拉麵，多半還會加入以炒飯為首的飯類餐點，以及拉麵與這些飯類組合而成的套餐，本質上可說根本就是町中華餐館。渡邊先生以開一家拉麵店為目標，腦中浮現的是提供廣泛菜色的餐館，在當時是極為自然的事。這也展現出町中華進入全盛期的狀況。

話說回來，在町中華早期，一般得花上十到二十年修習技術才能出師，這麼一想就會覺得三年很短，渡邊先生應該非常努力吧？

「是啊，我算是偏懶散的人，卻只有那段時期連自己都覺得勤奮無比。我不是白天在店裡工作，晚上還去唱那卡西嗎？總而言之，我隨時都很想睡覺。但我快四十歲了，也有家人，所以真的是全力以赴呢！」

這時渡邊先生的狀況，已經和想當歌手於是十八歲就上東京時不同了。老闆娘也認真起來，想抽身也沒退路。

「孩子的媽給我壓力？當然有啊！哈哈哈！她都努力到去送報了，我當然覺得自己也不能放棄。」

當時已進入泡沫經濟時代，世間景氣大好，但理所當然地不可能每個人都嘗到甜頭，也不是什麼都不做就能成功。想培養實力，只能腳踏實地努力累積。

但是，具體來說渡邊先生做了什麼努力呢？餐廳學習畢竟不是學校，不會手把手教學，只會交給他洗碗、打掃等工作，頂多再讓他切個菜。就算能從旁觀察而逐漸理解熬煮湯頭的方式、烹飪順序等，也很難磨練出實戰手感吧？

「該說是仔細觀察師父怎麼做，然後偷學嗎？總之就是模仿。自己一邊想像應該是這樣或那樣做，一邊嘗試。」

家用瓦斯爐的火力和餐館不一樣，也能做出和店裡類似的味道嗎？

「沒錯。就算調味之類的能夠模仿，做出來的料理味道也會截然不同。不過，我在家裡練習的是更基礎的部分，譬如甩鍋，畢竟我沒有甩過那麼大又那麼重的中華炒鍋。」

要怎麼樣才能像師父那樣輕鬆甩鍋呢？就算買了中華炒鍋在家裡嘗試，也完全甩不好，真的很難。但如果鍋子甩不起來，當然也不可能開店。那麼，渡邊先生怎麼做呢？他在結束那卡西工作回到家後，或店裡公休時，就拿著中華炒鍋到浴室裡閉關練習。

「我把鹽或沾濕的毛巾放進鍋子裡埋頭苦甩，一方面能夠習慣重量，另一方面也能學習怎麼使用手腕。鹽夠重，又便宜，所以我很常用鹽練習。不過唰啦唰啦地甩鍋實在很吵，所以我才會在浴室裡練。」

在他學會用身體掌握節奏之前，手臂很快就疲勞了，但隨著後來抓到訣竅，就能長

過去在浴室訓練的成果，
反映到了現在的料理味道上。

時間甩鍋。不管是切菜的技術，還是烹飪的步驟，他都能舉一反三，憑著在伊峽記下的技術回家複習。渡邊先生沒時間可以浪費，只能靠這種方式學習。

老闆娘泰子女士看到他這麼努力，是不是覺得「太好了，他終於認真起來了」呢？

「哈哈哈！你這樣說好像是我逼他做似的。我本來就知道我家那老公個性踏實啊！我也靠自己的力量去送報紙、照顧孩子不是嗎？真的是……每天都像打仗。」

料理由老闆負責，資金調度的計畫與管理，就由老闆娘處理。那段期間，兩人為了達成開店目標，彼此分工且不顧一切地努力工作著。

「『真的有辦法開店嗎？』的不安與『也只能做下去了』的心情，兩者彼此拉鋸。我不想借錢開店。當時景氣很好，或許能借到錢，但明明房貸還剩很多沒繳，所以我覺得借錢開店一定會失敗。當時我們真的很勤奮呢！雖然開店之後也同樣努力工作，但我覺得那三年是特別的，無法再經歷第二次。現在回想起來也覺得當時很厲害，我們竟然沒累倒。」

籌到開店資金後，渡邊夫婦開始尋找店面。他們鎖定的候補地點是西荻窪的租賃店面。就如先前提過的，他們因為聽到將在店面前方設置新驗票口的傳聞而心動，但這只是部分原因，關鍵因素為這是可以直接使用的頂讓店面。這裡原本是食堂，雖然因關了一段時間而變得有點髒，但可靠的老闆娘心想，只要打掃乾淨，不需要花錢裝潢就能開始營業。

老闆娘看起來開朗、可靠又朝氣蓬勃。

「我們沒錢委託業者打掃，連地板打蠟都自己來，花了整整一個月呢！」

裝潢省下的錢就用在廚房設備上。其他部分稍微改裝一下就能重新使用，但廚房可不行。因為料理是一家餐廳的關鍵，而廚房是製作料理的地方，設備位置與尺寸等，也會決定渡邊先生的動線，因此他們安裝了耐用又品質好的設備。包含租下店面的簽約費、固定設備等，最終零零總總加起來花了一千兩百萬日圓。

全家的生活有著落就夠了

經過渡邊先生為期三年的拜師學習，丸幸於一九八七年開幕。菜單品項從一開始就以麵類為中心，但飯類、定食和單品也很齊全。

這樣的菜單呈現，並非基於既然要做就該全力以赴的想法而勉強這麼做，而是這種菜單才合理，所以沒有任何猶豫。其中一項主力商品是什錦湯麵，使用的食材有高麗菜、紅蘿蔔、洋蔥、豆芽菜、豬五花等，而同樣的組合也能夠做炒蔬菜。餃子使用的絞肉，也能用在味噌拉麵。如果將食材用於不同菜色，很快就能用光，那麼隨時都能用新鮮肉類與蔬菜烹煮料理，味道自然好。價格方面，拉麵定價三百五十日圓，比起時價相對便宜，並以此為基準決定其他料理的價格。因為師父的「伊峽」就是這麼做。以自己的程度，怎麼可能把價格設定得比師父的店還要高呢？

不小心發下豪語說出的「我要開拉麵店」，竟然化為現實。渡邊先生當上老闆的心情如何？

「雖然現在也不少，但當時的中華料理店真的很多，所以我曾懷疑，自己的經驗頂多只能算比一般人強一點點而已，開店真會有客人上門嗎？但我同時也覺得，總會有辦法解決吧！」

他能毫無根據地如此樂觀，也是拜時代所賜吧？直到幾個月前，他都還在中央線的居酒屋街唱那卡西，親身感受當時的美好景氣。

「因為我也沒抱太大的奢望。我沒想過要僱用人手、將來開分店，然後把生意做大。我只要全家生活有著落就夠了。我當時想，如果只是要做到這個程度，像我這樣的人也做得到吧？」

這是渡邊先生四十歲開始的第二項挑戰。他一臉緊張地迎接開幕的日子，結果起步相當順利，顧客絡繹不絕，真是可喜可賀。伊峽的老闆也特地來光顧。他吃了徒弟做的拉麵，給了合格的分數，稱「這個程度可以」。這句話讓原本滿懷不安的渡邊先生，高興到快要飛上天。

不過，他們沒有多餘經費進行宣傳。這家店在後巷悄悄開幕，是怎麼做到生意興隆的？是因為喜歡嘗鮮的居民來一探究竟嗎？

「我靠的是熟人。那卡西時代的常客、歌手同事都來光顧。尤其是常客。別看我這樣，也是有不少粉絲的。我唱了很久，原本就盤算著會有一些粉絲來，沒想到還有意外之喜，那就是大家都帶了朋友一起來吃。」

認識的那卡西歌手開店了，大家一起去吧！他們若對味道還算滿意，就會頻繁照顧他的生意。這些大叔擁有許多酒友，又有在地影響力，不需要特地拜託，他們就自動當起了宣傳人員。

但是，就算粉絲纏著渡邊先生「拜託唱一首」，他也從來沒有開口唱過，這是他給自己設下的界線——自己已從那卡西退休，成為拉麵店老闆，不想做這種半吊子的事。他看到前輩轉換跑道經營居酒屋卻失敗，才立志開拉麵店，如果還在店裡唱歌，那就沒有意義了。

此外，他拒絕顧客點歌也是意志的展現，想斬斷對歌手的留戀。自從開店之後，他就把心愛的吉他收在家裡，連碰都不打算碰。

「值得感恩的是，這家店才開沒多久就很忙碌，我每天都忙到不可開交，還幹勁十足地做起外賣，不過只做了兩年。叫外賣的人很多喔！但光靠我們夫妻兩人實在忙不過來。做外賣是很賺，卻可能弄壞身體，如此一來就只能僱用人手或停止外賣服務了，最後我們決定停掉。」

雖然渡邊先生不唱歌，但如果有關係好的客人來，他會陪這些客人喝杯酒。對於渡邊先生而言，他一整天有大半時間都在廚房裡，喝酒便是最大的喘息。聽說他以前還經常喝醉就睡在店裡。不只丸幸，町中華經常在打烊後依然能夠看見人影、聽見笑聲，或許就是老闆正在和熟客喝一杯吧？

「現在回想起來，四十歲還很年輕吧，就算累也很快就能恢復，所以當時真的喝太多了。但是我覺得很開心，也很充實。」

進入一九九〇年代後，泡沫雖然破滅，但町中華這種與生活密切相關的生意，卻沒有太大的變化。他們與開店時就認識的客人逐漸熟稔，做起生意都已經得心應手，丸幸完全步上了軌道。

「客人心血來潮幫我們成立了『丸幸會』。我們做生意的不是很少休息嗎？公休日必須處理家事，也沒辦法去旅行。所以客人就說，我們丸幸會一年去旅行一次吧！我們去過嚴島神社之類的地方。對了，還會去烤肉。」

時隔三十年再度開始練吉他

丸幸在二〇一六年邁入堂堂三十週年。老闆娘笑著說，這些歲月就展現在門口那一大堆盆栽上。

「那些都是常客搬家時拿來的，他們實在不忍心丟掉，所以請我們照顧。常客都拜託了，我們也無法拒絕，而且我喜歡花，就收下來了，結果現在就有這麼多盆栽。」

店門口的盆栽多到不像話，是町中華的特徵之一，沒想到還有這層理由。確實許多町中華餐館都缺乏一種整體感。

「這些都是客人的惜別禮物，哈哈哈！」

原本應該繼承這家店的兒子英年早逝，丸幸成為只經營一代的店家。老闆超過七十歲了，也感到體力衰退，但烹飪速度與良好節奏依然健在。店內打掃得一塵不染，和我初次來時沒兩樣，尤其擦得晶亮的廚房令人陶醉。老闆娘聽到我這麼說，探身回答：

「真開心你注意到這點。」

「我們夫妻倆在店裡的時間這麼長，如果藏汙納垢，不只客人，自己也會不舒服吧？這個人（老闆）的優點就是愛乾淨，只要搆得著的地方，就連天花板都會擦過。北尾先生，你要進來廚房看看嗎？」

寬敞的廚房裡，一點垃圾也沒有。明明使用大量的油，卻摸哪裡都不會讓人感到黏膩，鍋子與餐具也都刷得晶亮。我懷著敬佩的心回過頭看，入口就在正對面，吧檯座位與餐桌座位都映入眼簾，形成一眼就能掌握顧客動向的配置，心情莫名爽快，確實會產生「這是我的店」的感覺。

我回到座位上後，繼續和老闆娘閒聊，結果渡邊先生插嘴說道：

「其實我最近把吉他帶來店裡練習了。」

廚房連天花板都擦得很乾淨。
乾淨整潔的店，多半生意也很好。

什麼，吉他在店裡嗎？請讓我看看！

我死皮賴臉地請求，渡邊先生終於把吉他拿在手上，真不愧是前歌手，拿起吉他架式十足。他撥動琴弦，吉他發出聲音，店裡響起粉絲懇求也堅決不彈的音色。

他能再次產生享受吉他與歌唱的興致，心境想必有了很大的變化。渡邊先生一定覺得現在解除封印也無所謂，他已經釋懷了吧！

這個十八歲少年因為想當歌手，從福島縣鄉下來到東京，當上沿著中央線居酒屋走唱的那卡西歌手。二十二年後卻放棄唱歌，搖身一變成為

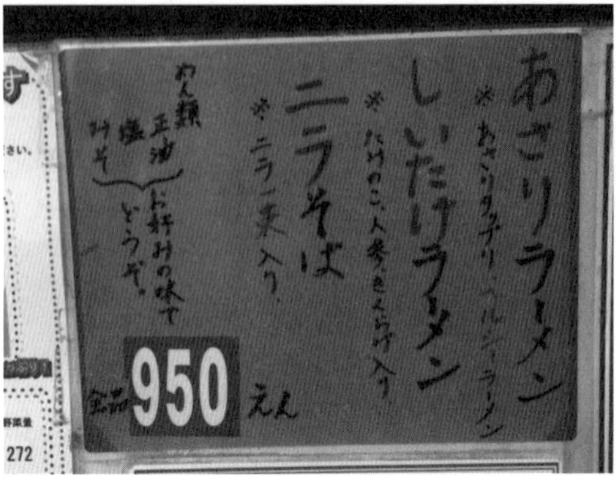

由原應繼承丸幸的兒子構思及親筆寫下的健康菜單，
在店裡依然深受珍惜並使用到現在。

町中華老闆。他想再次演奏充滿青春回憶的吉他，應該不只是懷念，更是因為有了自信。不管再怎麼彈、再怎麼唱，都不會影響自己身為丸幸掌廚老爹的心情。

然後，他鐵定心裡想著：

當時脫口而出「我要開拉麵店」，真是太好了。

第三章

太陽仍未西沉：
盱中華將何去何從

一、御茶水大勝軒的挑戰：追尋傳說中的口味

豪華陣容齊聚一堂！丸長暖簾會的聯誼會

二〇一八年初，我走在JR新宿站的月台時，接到下北澤丸長的老闆深井正昭打來的電話。丸長暖簾會將舉辦聚會，他想邀請町中華探險隊參加。

「暖簾會的夥伴以前常聚會，但最近這個機會也逐漸減少了，所以大家就發起『偶爾聚在一起吃吃喝喝』的活動，下次的聚會辦在我們店裡。你們寫了介紹下北澤丸長的報導，也有人讀這篇報導對我們產生興趣，所以我就想，如果你方便，就邀下關鮪魚（副隊長）一起來如何？」

丸長集團的聯誼會，在丸長的店裡舉辦嗎？

「是啊，最後決定大家輪流辦。」

雖然辦在居酒屋能省些麻煩，但大家很少有機會拜訪彼此的店，所以既然要辦，乾

脆就辦在店裡，似乎是這樣。深井先生想把探險隊介紹給暖簾會成員認識，他覺得這麼做，對於我們往後活動應該也有幫助。沒有比這更令人開心的邀請了，我立刻回答「我們一定會去」。

當天傍晚，我與鮪魚約在下北澤車站，一起前往下北澤丸長。餐館已經打烊，掛著「準備中」牌子。會費只要兩千日圓，這想必是深井先生傳達的訊息：「今天就把生意擺一邊吧。」

店裡應該有二十人以上吧？我想和深井先生打聲招呼，找了一圈後發現擔任主辦人的深井夫妻正在廚房忙碌，因為提供的料理全部都是由他們親手製作。對深井先生來說，今天的聯誼會也是能讓夥伴品嘗下北澤丸長口味的機會。我從他不預先做好料理，也不打算仰賴外燴的行為中，感受到老店的志氣，同時也回想起町中華開分號的特徵——即使店名相同，每家店還是有各自的口味。

進行簡單的自我介紹後，我發現來參加的都是響叮噹的人物，譬如荻窪丸長總店、目黑丸長、從群馬縣趕來的伊勢崎丸長等。

「我們受邀來了一場不得了的聚會呢！這麼多丸長權威齊聚一堂，真是太難得了，他們自己的店明明也很忙啊！而且除了這些老闆以外的客人……該說豪華嗎？好像都是粉絲人數超過一萬人的網路名人啊！」

鮪魚難掩興奮地在我耳邊小聲說道。我們周圍坐著約十名丸長粉絲，他們似乎都是受歡迎的美食部落客、拉麵評論家等等。

「擔任司儀的是御茶水大勝軒的經理小汲哲郎。中野大勝軒的坂口光男也在，他是現在丸長暖簾會的會長。哎，不過真的好厲害，平常根本無法在店外見到這些人。」

鮪魚很快地繞一圈回來，他擦了擦汗，喝了口啤酒。原來如此，不只創辦東池袋大勝軒的山岸一雄出身丸長，大勝軒集團裡有一部分也是丸長暖簾會成員。但仔細想想，大勝軒也不是山岸先生創辦的，而是從他曾擔任店長的中野大勝軒開始。中野大勝軒屬於丸長系統，所以大勝軒的人隸屬於丸長暖簾會，也不是什麼難以想像的事情。

「沒錯沒錯，這些知識我都知道，但像這樣親眼見到，就好像看見町中華的歷史濃縮在這場聚會裡。你也不要光顧著吃，快去打招呼！」

我在鮪魚勸說下離開座位，去找幾位老闆打招呼。我從這些老闆身上感受到，他們對今天的聚會都很期待。有人懷念往年的喝酒聚餐，說「以前的規模可沒有這麼小」，也有人驕傲地說「像這樣把大家聚在一起的暖簾會，我想應該不多吧」。

坂口會長隔壁的位子是空的，我就坐了下來，下定決心開口問他，身為被稱為「町中華」的一方，對這個稱呼在近幾年急速普及有什麼感想，因為我一直很在意這件事。

「我覺得簡單明瞭，很不錯啊！大眾因為這個名詞普及，而對我們這類店產生興趣，這很值得感恩。」

太好了，光是能聽到這句話，來這裡就有價值。

我回到原本的座位，身旁的部落客找我搭話，他因為黃湯下肚而變得健談。

「丸長的聚會氣氛非常棒，一點也不沉悶，而且連我們這些外人也因平日經常照顧他們的生意而受邀。雖然照顧什麼的真不敢當，我們只是因為食物美味就去吃而已。我們就是單純的加油團嘛！」

加油團也來參加的原因

丸長暖簾會為什麼對外人敞開門戶？我一邊在腦中思考這個單純的問題，一邊夾起下北澤丸長的名菜——絕品韭菜炒豬肝。

我聽深井先生說過，一九六〇年代的暖簾會，就像第一章寫的，只有丸長相關人員參加，而且曾熱鬧到足以舉辦棒球賽。假設聯誼會的目的是慰勞與交流，只要各店經營者與員工聚在一起，目的不就達到了嗎？從創業當時就同甘共苦的經營者，很多都有親戚關係，因此偶爾見面聊聊，不只是交換情報，想必也有提高向心力的意義。

另一方面，員工多半是從鄉下來的年輕人，整天生活大半都在店裡度過。讓他們與同世代的夥伴見面，不管是運動還是喝酒，對於喘口氣而言都是必要的。這裡也沒有外人介入的餘地。

丸長暖簾會的圈子，原本隨著愈來愈多徒弟出師開業而擴大，但還是到了極限。町中華高峰只到一九八〇年代為止，丸長集團也不例外。

擁有許多員工的餐館減少了，在經營者高齡化的趨勢下，也逐漸有些店收起來。現在也無法期待那些成功出師開業的老闆，能夠像過去以親戚為主的時代那樣擁有緊密的人際關係，反而更傾向自力更生，活動也不再熱絡。坂口會長等人恐怕抱持著危機感：再這樣下去，丸長暖簾會就危險了！

到此為止都還能想像。但為什麼「加油團」也會來參加原本只在夥伴內部舉辦的暖簾會聚會呢？

我觀察店內狀況發現，老闆與加油團之間沒有出現隔閡之類的氣氛。雖然加油團中，還是有人在崇拜的老闆面前緊張到手足無措，讓人露出微笑，但多數人都侃侃而談、大吃大喝。老闆與彼此熟知根底的夥伴聊天時，如果加油團的人來搭話，他們也會仔細聽，臉上一點厭惡的表情也沒有。這完全不是為了服務粉絲而假裝出來的。加油團的會費也和暖簾會會員一樣，彼此完全平等。就算是暖簾會成員的氣質刻意營造出這種氣氛，但若缺乏對外人打開門戶的意願，也無法做到這樣……

「啊！」我差點叫了出來。我是否從根本上就搞錯了？

町中華早已過了全盛期，因老闆年事漸高等因素停業，而幾乎沒有再開新店，這種情況接二連三，是逐漸消失的昭和飲食文化。循著戰前至今的發展來看，大致如此判斷應該沒錯。

不只町中華，這種現象或許也可說發生在所有獨立經營的商店。不知不覺間，街上櫛比鱗次的商家都成了連鎖店，無論哪座城市，車站前的光景都變得愈來愈相似。重視效率的連鎖店勢力漸長，愈來愈多顧客習慣均一口味與服務，傳統小生意往往成了「令人懷念的○○」，換句話說就是被當成過時的事物看待。

即使如此，中華料理依然靠著專賣店化的方式維持人氣。拉麵甚至開始被稱為國民美食，甚至出現獲得米其林星星的熱門店家。日清食品創始人安藤百福開發泡麵的故事被改編成NHK晨間劇，此事讓人依然記憶猶新。現在大家也習慣了沾麵，專賣店爭相比拚口味。

我不曾遇過哪個町中華老闆會因專賣店受歡迎而感嘆。大家都說，如果現在有機會再賭一把，自己也會這麼做。理由只有一個：使用多樣食材、提供豐富菜色的商業模式，已經逐漸過時了。每天接觸客人的老闆是現實主義者。如果跟他們說什麼町中華充滿懷舊魅力之類的，他們就會苦笑，一針見血地回答：

「但已經不像以前那麼賺了。」

我或許也下意識習慣得到這種回應了吧？對丸長暖簾會也抱持偏見，覺得這是一場任務漸漸結束的老店相聚話當年的「同學會」。

但我一見今天的聚會，發現並非如此。既然町中華規模縮小，就必須比過去更緊密團結，不能因為反正都會衰退就放棄，必須摸索不被時代拋下的方法。那麼，與其老闆獨自思考，不如有效運用暖簾會，彼此集思廣益。既然有支持丸長集團的粉絲，不也可以請他們協助嗎？我想這樣的默契，就成了這場暢所欲言的「聚會」基礎。

現場話題已進入到下次要在那裡舉行聚會。推舉伊勢崎丸長的聲勢最高，加油團也興致高昂地說要包台巴士去參加。舉辦的時間也幾乎當場就決定了。

暖簾會正因親身感受到町中華的衰退趨勢，反而更鬥志高昂地認為現在是堅持的時候，既然如此，我也必須轉換想法。即使町中華數量減少無可避免，也必定會有店家留下。而年輕世代也至少會發起新的行動吧？不迎頭趕上怎麼行。

必須去御茶水大勝軒

宴會結束後，我與鮪魚依然無法從興奮中冷靜下來，於是找一家咖啡廳繼續聊個不停。關於與丸長之間的緣分，我們意見一致。雖然東京就已經有許多「軟性連鎖店」，而我們也採訪了好幾家，但多次叨擾，聊得深入的只有下北澤丸長。我們聊著聊著，甚至還受邀參加暖簾會聚會，啟發我們應該將眼光擺在未來而非過去。這是足以讓町中華探險從今天開始改變方向的重大事件。

「深井先生讓我們看見他工作的樣子，果然還是很重要。以前都不知道他連熬煮湯頭都那麼仔細吧？他還是有所講究的。但他端出料理的時候，卻自然到好像要隱藏自己的講究一樣。」

為什麼呢？因為深井先生從以前就是這麼做的，對他而言，這不過是理所當然的日常工作，沒有特別展現的必要。

「沒錯沒錯，不管是你還是我，都對這點感動吧？深井先生從味精流行之前就這麼做，已經成為這家店的口味了，所以也不曾特別強調沒放味精。他不是想受訪才這麼做，而是因為已經有常客了，根本沒必要特別宣傳。」

但我們最後還是去叨擾多次，鮪魚說是深井先生剛好覺得興致勃勃的我們很有趣？還是因為某種緣分吧？真好，有緣分，有緣分，有緣分……喂，不要把緣分當成激勵的咒語啊！

「沒錯，善用緣分很重要。心動不如馬上行動，你必須去一趟御茶水大勝軒。」

為什麼？大勝軒不是沾麵店嗎？

「大勝軒賣的是『特製盛麵』。不過，那是一家特別的店。（發明盛麵的）山岸先生不也是丸長出身的嗎？所以他出師開業的東池袋大勝軒，原本也是町中華。但因為盛麵實在太受歡迎，最後其他餐點都消失了，頂多只多提供拉麵。」

據說御茶水大勝軒復刻了山岸先生曾做過的町中華餐點，生意非常好，中午總是大排長龍，鮪魚也是最近才終於吃到那邊的復刻咖哩。

「我想，去御茶水大勝軒若能進行有探險隊特色的採訪就好了，而不是採訪沾麵。所以剛剛已經先和擔任司儀的小汲經理商量，我們下次去看看吧！」

透過丸長的人脈採訪大勝軒，稱得上是活用緣分的活動。鮪魚和我，還有小汲先生當晚就成立一個LINE群組。我們打算訪問御茶水大勝軒著手復刻町中華菜單的始末，實際品嘗，並寫成報導。

對我來說，品嘗復刻菜單，相當於穿越回半世紀前的東池袋大勝軒。可想而知，這份復刻菜單味道的基礎，奠定於山岸先生在丸長系統中野大勝軒工作時，也算是「山岸流丸長菜單」。這些料理是什麼味道呢？光想像就令人興奮不是嗎？我想透過復刻菜單，遙想昔日的町中華。

但我們半開玩笑說的與丸長的緣分，卻超乎想像地強烈。我後來甚至還參與了復刻料理開發與丸長暖簾會活動。

大勝軒口味養大的最後一名徒弟

雖然我掛著町中華探險隊隊長的頭銜，卻對沾麵敬謝不敏，在大勝軒只吃過一次。我最近才知道，山岸先生在徒弟出師開業時，不會提出任何要求，因此各家店的口味落差很大。我在那家店品嘗時並不覺得美味，所以擅自認為大勝軒不適合自己。我把這件事說給喜歡沾麵的朋友聽，結果對方回答「怎麼偏偏是那家店，我自己也不會去」，但帶我去吃的正是那位下關鮪魚，有一半是他的錯。

我透過LINE和小汲先生聯絡，跟鮪魚一起去御茶水大勝軒，與老闆田內川真介打招呼。小汲先生於一九六五年出生，田內川先生則是一九七六年出生的。在高齡化的町

二〇〇六年，御茶水大勝軒的田內川真介，決定從山岸一雄的東池袋大勝軒出師時的畢業照。

中華，這對搭檔算是年輕人。小汲先生原本在唱片公司工作，後來迷上大勝軒的口味而踏入這個世界，他不負責烹飪，而是負責整家店的經營。田內川先生也在大學畢業後先工作了一陣子，二十七歲才成為山岸先生的徒弟。他在二〇〇六年出師開業後，也繼承了師父的料理味道。

我們去御茶水大勝軒時，剛好是沒有顧客上門的時段，所以可以一邊吃復刻餃子之類的料理一邊採訪。

「我小時候就認識老闆（田內川先生如此稱呼山岸師父）了。」

田內川先生在豐島區南大塚出生長大，東池袋大勝軒就在徒步範圍

與顧客談笑的山岸先生。攝於舊東池袋大勝軒店內。

內，他從蹣跚學步的年紀就和家人去光顧，上高中之後開始獨自前往，成為常客。東池袋大勝軒是粉絲會遠道而來朝聖的超受歡迎餐館，像田內川先生這樣由「大勝軒的口味養大的」顧客只有一小撮吧？或許因為如此，山岸先生特別疼愛他。田內川先生上大學後，自然而然開始在大勝軒打工。

「或許是老闆沒有孩子吧，他把我當兒子一樣看待。但是我也沒考慮過要自己開一家店，大學畢業後就進入海洋相關企業工作。」

那也是一家環境不錯的公司。然而，工作幾年後，他突然開始思考「我對這種人生滿意嗎？這真的是我想做的事嗎？」現在還來得及，去老闆的店重新出發吧？

他雖然對生活沒有不滿，但現在回過頭來看，那是沒有誠實面對自己，卻一切莫名順利發展的狀態。雖然不至於從小看到老的地步，但田內川先生其實想跟著自小就崇拜的山岸先生工作。

田內川先生在東池袋大勝軒成為山岸先生的徒弟後，就緊鑼密鼓地學習。這位山岸先生暱稱「真介」的愛徒，在短時間內手藝顯著提升，對師父提出開分號的要求，然而……

「別人都能自由出師開業，不知道為什麼只對我提出條件。」

這項條件是：不能改變味道，並且要復刻以前的菜單。

山岸先生的思維，帶有町中華出身者特有的現實性格，他甚至建議出師開業的徒弟，把目標放在做出開店地點當地喜愛的口味。唯有田內川先生例外。

「他大概希望自己不在後，至少有一家店能守住原始口味吧？雖然也曾想過為什麼是我，但被老闆點名還是有點開心。」

師徒的東池袋大勝軒原始口味復活企劃

我們推測，復刻菜單應該是山岸先生悄悄醞釀的企劃。沾麵大受歡迎，大勝軒的業績爆炸性成長，分號也愈開愈多，名聲傳遍全日本，但就像前面所說的，東池袋大勝軒的原點是町中華，有炸豬排丼也有咖哩飯。特地來吃沾麵的顧客變多後，才不得不精簡菜單。

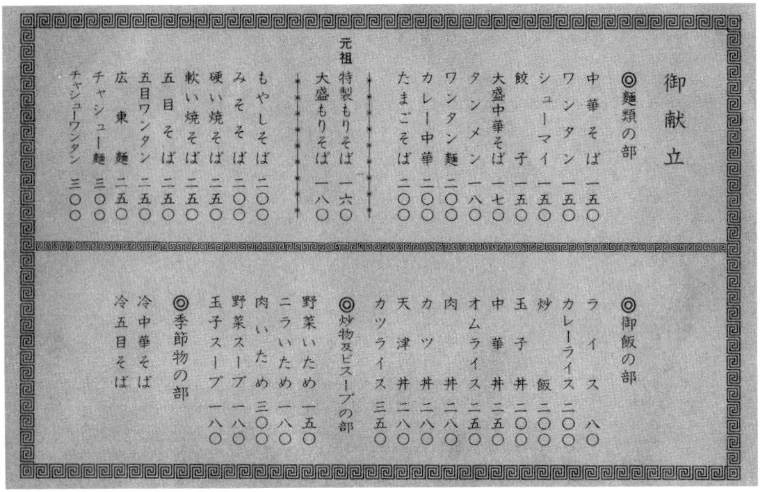
御献立

◎麺類の部
中華そば 一五〇
ワンタン 一五〇
シューマイ 一五〇
餃子 一五〇
大盛中華そば 一七〇
タンメン 一八〇
ワンタン麺 二〇〇
カレー中華 二〇〇
たまごそば 二〇〇
元祖 特製もりそば 一六〇
大盛もりそば 一八〇
もやしそば 二〇〇
みそそば 二〇〇
硬い焼そば 二五〇
軟い焼そば 二五〇
五目そば 二五〇
五目ワンタン 二五〇
広東麺 二五〇
チャシュー麺 三〇〇
チャシューワンタン 三〇〇

◎御飯の部
ライス 八〇
カレーライス 二〇〇
炒飯 二〇〇
玉子丼 二〇〇
中華丼 二五〇
オムライス 二五〇
肉丼 二八〇
カツ丼 二八〇
天津丼 二八〇
カツライス 三五〇

◎炒物及ビスープの部
野菜いため 一五〇
ニラいため 一八〇
肉いため 三〇〇
野菜スープ 一八〇
玉子スープ 一八〇

◎季節物の部
冷中華そば
冷五目そば

現在在御茶水大勝軒也能看到東池袋大勝軒創業時的町中華菜單。

「老闆說：『我想讓顧客再次嘗到以前的味道，真介，我們一起努力吧！』」

於是，師徒一起找回東池袋大勝軒原始口味的企劃就此展開。首先是餃子、咖哩中華（靈感來自咖哩南蠻烏龍麵的咖哩拉麵）以及什錦湯麵。他們一起開發「這就是山岸一雄的味道」的復刻料理。田內川先生接受的是一對一形式的指導。

「是沒錯，但東池袋大勝軒的原始口味全都依靠老闆的舌頭與經驗製作，沒有留下食譜。所以我們復刻時，得從回溯老闆的記憶開始，差不多每試做一次，就將食譜改寫一次。但老闆在這樣的過程中似乎很愉快。」

御茶水大勝軒店內，貼著東池袋大勝軒

創業時（一九六一年）的菜單。標語是「獨特的麵食滋味・大勝軒」。

【麵類】從一百五十日圓的中華麵開始，以下依序是餛飩、燒賣、餃子、什錦湯麵、咖哩中華等，中間穿插強調「元祖」的特製盛麵一百六十日圓，以及大盛麵一百八十日圓，最貴的是三百日圓的叉燒麵與叉燒餛飩。丸長系統的特質就從這些部分透露出來：費工的燒賣與餃子兩者都提供、不寫「拉麵」而只寫「麵」等。

【飯類】開頭是八十日圓的白飯。當時已經有咖哩飯兩百日圓。炒飯不可或缺，連雞蛋丼、中華丼、蛋包飯都有，還有肉丼、炸豬排丼、天津丼。最貴的炸豬排飯三百五十日圓。此外就是快炒與湯類，以及季節限定料理中華涼麵。丼飯的選擇也多彩多姿，是不折不扣的町中華。

「對我來說，這些也是未曾體驗的滋味。創業時的口味厚重強勁，但老闆的料理加入了獨特的調味，只吃一次是無法複製的。總之只能製作食譜，忠實呈現，但口味似乎也會根據季節與氣候微調，要費一番苦心才能整合成穩定的味道。」

田內川先生說，沒有留下食譜這點，不能用「職人精神就是得靠舌頭記住味道」一句話帶過，或許「無法寫成食譜」才是真正的理由。全國各地的町中華都發生類似的事，如果訪問第二代老闆，他們多半異口同聲回答「我們有樣學樣地記住老爹的味道」，說是花約三年才終於記住，再以此為基礎加上自己的口味。常客意見最多，不會允許突如其來的口味變化，如果強勢推動「改革」，他們就不會再上門。町中華雖然會配合時代減少味精與鹽的分量，但基本口味卻長年不變，原因就在於此。介紹町中華時，經常使用「一如往昔的滋味」這句話，就是繼承人將自我主張壓抑到最低限度的結果，也是保留至今未曾消失的口味。

大顆的餃子已事先調味過，不沾醬也很好吃。

復刻版咖哩獲得大獎！

話說回來，復刻版的菜單，現代的顧客買單嗎？他們確實買單。沾麵的受歡迎程度無可撼動，因此復刻菜單在午餐時間結束後才供應，但復刻粉絲還是立刻就出現了。我和鮪魚也是，才剛吃一口

令人懷念，卻是家裡絕對做不出來的味道。

餃子，立刻大喊：「這太好吃啦！」外皮偏厚，內餡飽滿，稍微沾點醋來吃，實在無可挑剔。餛飩麵也是素雅的實力派，吸飽醇厚的湯頭，咕溜地從喉頭滑落。

復刻版菜單也創下實績。復刻版咖哩在二〇一七年的「神田咖哩大賽」中成功奪得大獎。神田這個地方咖哩專賣店雲集，甚至被譽為「咖哩街」，是咖哩愛好者聚集的場所。在此地奪得人氣投票第一名固然厲害，但讓我讚嘆的是，復刻版咖哩一登場就受到狂熱歡迎，早在大獎預測階段就被視為最有機會奪冠的選手。超過半世紀前町中華端出的料理，讓現代咖哩愛好者著迷，這種故事簡直奇蹟。

可惜的是，田內川先生無法將獲得大獎的喜悅與師父分享。山岸先生在復刻菜單過程中，二〇一五年四月就去世了。

復刻版咖哩加入蜂蜜與藍莓醬提味，辛辣與香甜對比是味道關鍵。山岸先生的父親隸屬海軍，待過橫須賀基地，因此他從小就吃海軍咖哩長大，據說他成為中野大勝軒店長時，立刻就將咖哩放進菜單裡。大勝軒的咖哩雖然沒有使用大量香料，但由於加入了拉麵湯頭，便成為別處吃不到的口味。

「但是沒有食譜，我只能想像如果是老闆，應該會這麼做。」

這樣可行嗎？是否有點不同呢？田內川先生沒吃過原始料理口味，只能一邊摸索，一邊與師父進行無言的對話。他在廚房裡揮灑汗水，穿越超過半世紀的時光。就在某一刻，他突然靈光一現：「應該是這樣吧！」

「明明是自己的店，我卻一直都在復刻老闆的料理，原創餐點依然只有『員工丼』一種。」

師徒在御茶水大勝軒廚房挑戰復刻菜單。

二、或許不只是口味，還有師徒間的連結

從這天以後，我偶爾會去店裡光顧，品嘗在田內川先生手上復活並守護的山岸料理。小汲先生與田內川先生都是大忙人，很少有時間多聊幾句，但從簡短的交談中，就能窺見他們想扛起御茶水大勝軒招牌的氣魄。

這家店的大方針是繼承山岸先生的口味。他們想讓沾麵愛好者讚嘆「這就是大勝軒」，也想讓顧客驚訝「原來以前有這種料理」。他們的目標是讓所有的菜色復活，所以是一項不知道得花幾年的大工程。

然而，他們似乎有種僅止於此還不夠的感覺。因為復刻山岸先生的口味，也相當於逐漸接近其源頭——丸長。但我不覺得田內川先生在二〇〇六年出師開業時會想到這麼遠，當時他眼裡應該只有尊敬的師父吧？應該是如此。

「我從沒想過，身為在東池袋大勝軒工作的末代學徒，會以這種方式與丸長暖簾會搭上線。當時滿腦子想的都是該如何讓自己的店上軌道，關於復刻也是，我只想趁著老

闆還在的時候，讓顧客再次吃到過去的料理。」

味道的關鍵是什麼？

「當然就是拉麵湯頭了。只要加入湯頭，不管是咖哩還是其他料理，都會變成老闆的味道。我們一起做復刻料理時，老闆會連續好幾天來我店裡，營業時間也進來廚房，還因此嚇到客人『為什麼山岸會在這裡？』」

老闆想託付給自己的，或許不只口味，還有恢復與丸長暖簾會之間的連結吧？田內川先生在二〇一五年山岸先生去世後，開始這麼想。

「老闆的味道，是他在十七歲成為拉麵師傅後，花了好幾年在帶他走上這條路的坂口正安先生創辦的中野大勝軒摸索的結果。中野大勝軒也是丸長暖簾會的主要成員，所以如果追本溯源，可以追溯到丸長口味系譜。」

雖然山岸先生在東池袋大勝軒開業後，仍持續與丸長暖簾會往來，但晚年卻漸行漸遠。復刻菜單，或許是山岸先生將承襲自丸長的味道，傳授給田內川先生的企劃。

這個心願以意想不到的形式實現了。東池袋大勝軒集團在山岸先生去世之後分裂了。田內川先生為了繼承山岸先生的遺志，組成了「味與心守護會」，當時給予他建議的是「目白丸長」。「老闆最重視的是丸長。而味與心守護會獲得丸長暖簾會認可，被視為正統繼承者。那時真的很開心。」

田內川先生趁此機會，逐漸加深與丸長大老之間的往來。現在味與心守護會約有三十家大勝軒加盟，透過與丸長暖簾會聯立的形式，成為集團的一員。雖然至今只有短短四年，但在暖簾會聚會中擔任司儀的小汲先生，看起來就像早已加入許久的成員。

田內川先生不只融入丸長，還為丸長提供協助。町中華的繼承人嚴重不足，丸長集團也不例外，也有好幾個老闆決定做到自己這一代就落幕，但餐館已培養出一批常客了，於是他們去找田內川先生商量，就算換人經營也無所謂，能否讓店存活下去呢？田內川先生接手經營大塚大勝軒，這類出師開業時從沒有想過的事接連發生。在天國的山岸先生，是否一臉不出所料的表情呢？總之可以確定的是，御茶水大勝軒對於探險隊而言是必須關注的店家。

味噌拉麵與暖簾會之旅

二〇一八年秋天，我獨自去御茶水大勝軒用餐，原本沒什麼特別目的，但去櫃台結帳時，田內川先生從廚房走出來，告訴我他正在復刻味噌拉麵。哇，這可真令人期待。

「我使用長野（紅味噌）與北海道（白味噌）混和的味噌。但我去長野試吃時，卻沒吃到讓我覺得『這就對了』的味噌拉麵。北尾先生是住在松本吧？有沒有推薦的店呢？」

我立刻回答「有」。到了冬天我會去獵鳥，教我狩獵的師父在長野市經營一家名為「八珍」的拉麵店。店裡的味噌拉麵有三種，或許可以參考。

「聽您這麼說真想吃吃看。我正考慮再去一次長野，那家店離長野車站近嗎？」

離長野車站很遠，不開車很難抵達。對了，我帶您去如何？

「可以嗎？那就麻煩您了。」

我才是，能在復刻料理時參一腳是我的榮幸。我們頂多聊一分鐘就拍板定案，日期也決定好了，就在十二月某日。我們也在郵件往返中把山岸先生指定的味噌店納入行程，這讓我很開心，擔任這趟司機將頗有收穫。結果在出發的前幾天，我聯繫說還有一個人也要去，在暖簾會聚會時跟我聊過的坂口會長也將同行，他想去拜訪長野市周邊的三家丸長。

行程變得非常緊湊，他們似乎還會去七味辣椒粉的廠商「八幡屋礒五郎」談合作，或許是為了味噌拉麵吧？雖然我一頭霧水，但整件事變得愈來愈有趣了。

他們兩位搭乘早晨的新幹線來到長野市，上午九點就在八幡屋礒五郎開會，因此我在十點去接他們。等我到的時候，或許會議進行到尾聲了，他們正在休息室愉快閒聊，氣氛相當融洽，坂口先生也加入談話。我原以為田內川先生是為了復刻味噌拉麵而想使用知名辣椒粉，但似乎不是如此。

「其實丸長暖簾會明年（二〇一九年）三月就邁入六十週年了。我們應該是日本中華料理界最資深的暖簾會，機會難得，所以想邀請會員舉辦慶祝大會。我們來拜訪八幡屋礒五郎，是想請他們到時候調配丸長專用的辣椒粉。」

前往八珍的路上，坂口先生在車內對我說明。拜訪長野的丸長，也是為了在六十週年再度一聚，而希望先去打聲招呼。能邀請到他們來參加慶祝大會自然最好，但會場是在東京的中野太陽廣場飯店。坂口先生已有被拒絕的心理準備，畢竟為了來東京兩天一夜而公休太不實際了。即使如此，他身為會長依然親自出馬，由此可以感受到他在經營暖簾會時，想確實遵守處世之道的意志。

但是會長，這麼一來我們就得在吃完八珍後，再去那三家丸長喔！去了也得吃吧？肚子會吃到撐的。

「不巧長野市的丸長今天公休沒辦法去，所以一共就三家店。我自己也想吃，大家一起努力吧！」

我從坂口先生的語氣中，感受到他的鬥志。預定拜訪的兩家丸長分別位於中野市與須坂市，他們兩人都是第一次拜訪。長野縣也是丸長的發源地，因此我也不想錯過這個拜訪本地店家的機會。

第一家店開在東京荻窪的丸長，曾有分號盡量開在東京近郊的規則，因此絕大多數的店都在東京，但後來也有一些店因為種種狀況回到故鄉，其中一部分就在外地做起生意。於是「外地組」逐漸難以參加暖簾會聚會，與「東京組」的交流也變得稀薄。雖然當時開分號的老闆若還健在，能夠與老東家的夥伴保持聯繫，但隨著世代交替，這種聯繫也逐漸消失了。坂口先生說他想要盡量避免這種情形，也想在邁向六十週年時掌握暖簾會會員的狀況，所以以會長身分親自來到長野。

品嘗八珍味噌拉麵的坂口會長（右）與田內川先生。

我們抵達了遠離長野市中心、位於國道十九號旁的八珍。我們為了確認將帶有甜味的北海道味噌，加入稍鹹的信州味噌後會產生什麼變化，因此品嘗了信州味噌拉麵與原版的八珍味噌拉麵（信州味噌加北海道味噌）。兩人彷彿確認什麼似地動筷，表現出原來如此的感覺。

「真好吃。」

田內川先生的感想之所以如此平淡，是因為他的神經都專注在味噌的調配上。這組顧客乍看十分可疑，但我師父得知來訪目的後，一個勁兒謙虛地說：「我們沒做什麼特別的事情。」他從重禮數的坂口先生手上收下伴手禮時，露出為難的表情。

「對了，這個給你們拿回去。」

他從店外倉庫搬來巨大的白菜。這傢伙看起來扎實有光澤，絕對很美味。不過師父啊，雖然我開車來很樂意收下，但他們兩人還得回去東京呢！

「這個很棒，謝謝！」

哎呀，兩人都收下來了。他們就是這樣的人啊！

靠丸長暖簾會振興地方？

坂口先生在另外兩家丸長也充分展現他重禮數的態度。我們把自己當成一般客人走進店裡，點了沾麵來吃。不過，這麼做是正確的。他們兩人和只顧著吃的我不同，能夠從麵與湯當中獲得大量資訊。兩家店都離開東京幾十年了，這段時間失去了什麼，又留下了什麼？

當然，他們不會具體告訴我。我頂多只知道酸甜的湯頭是共通的，並且濃醇度相對壓低了。

須坂店已經世代交替，我們打聲招呼就告辭，但中野店的女老闆與坂口先生是舊識，因此聊得非常熱烈。她給我們看附有解說的老照片，還提供坂口先生不太認識的會員資訊。這家丸長原本開在池袋，由此發現老闆的父親曾是山岸先生在阿佐谷榮樂工作時的同事，得知這些事對我而言，這趟拜訪也收穫豐富。這就是直接見面的好處，電話或電子郵件無法做到這種程度。因為還冒出了這則軼事：

「我爸和山岸先生感情很好。他們出師開業後，店都開在池袋，所以經常在午休時間見面。你們猜他們約在哪裡？竟然約在爵士咖啡廳。山岸先生很喜歡爵士樂喔！」

我們撫摸著連吃三家撐得圓鼓鼓的肚子，發動汽車引擎。下一站是山之內町公所。山之內町是山岸先生的故鄉，而坂口先生母親的老家，似乎也位於山之內町中心的湯田中溫泉，但我們要去公所做什麼呢？

「這個地方與丸長頗有淵源，也與暖簾會有關。既然來一趟，就想去露個臉。我們不會聊太嚴肅的事，請北尾先生也一起列席。」

在這裡聊的事也出乎我意料。山之內町是知名觀光區，以滑雪聞名的志賀高原區域就在這裡，但也不是沒有煩惱。這個地方的煩惱就是提供外食的地方少，種類也缺乏變化。外國觀光客與年輕世代，比起一晚附兩餐的經典住宿方案，更偏好在飯店外自由選擇想吃的餐點。他們為了回應這些觀光客的需求，想增加提供拉麵等高人氣餐點的店家。

如果可以，當地也希望與其他觀光區做出差異化，卻一直無法成功。這時他們就想，山之內町獨一無二的美食賣點是什麼？不就是與丸長創始人的淵源、以及山岸先生的故鄉嗎？要做到全年營業的門檻太高，但如果在美食活動中提供協助，是否可行？大致來說，他們聊的就是這些事。

不只復刻菜單，連地方振興的話題都出現了。這些話題不都全部指向了町中華的未來嗎？但到活動中擺攤是否可行？這裡距離東京太遠了，應該諸多不便吧？

「暖簾會齊聚一堂舉辦活動，我想實行上有困難。『因為要辦活動，店休特地到長野來』這種話，實在很難說出口。」

坂口先生雙手抱胸。會長不能輕率接受這樣的提議。

「嗯，就像會長所說的，應該無法舉辦類似『丸長暖簾祭』的活動吧？但這是一件做了頗有意義的事。」

田內川先生挺身而出。

「說不定會很辛苦，但我覺得或許值得一試。不過我今天第一次聽說這件事，無法給出任何保證。」

這些話似乎讓公所的人也嚇了一跳。我後來才知道，田內川先生連具體方案或不會虧損的證據都沒有，但態度卻相當積極。我想這展現出了他對這座小鎮的強烈執著吧！

仔細釀造的「志賀高原味噌」

旅途尾聲的露天溫泉

我們馬不停蹄地前往味噌店。上回拜訪時似乎都談好了，所以沒什麼急事，但還是去露個臉，坂口先生也滿臉笑容地陪同前往。談話時發現他們有共同的朋友，味噌店老闆益發興致高昂，甚至聊到戰時話題，還告訴我們製作優質味噌的鐵則。只有這樣似乎還不夠，我們離開時都被塞了好幾袋沉甸甸的味噌。

「真是充實的一天。我們去泡個澡吧！」

老字號旅館的露天溫泉只有我們三個客人，完全是包場狀態。三人跳進露天溫泉裡，自然而然發出滿足的嘆息。雖然坂口先生母親的老家就在附近，但他是在東京出生長大的，似乎也很久沒有造訪山之內町了。

「我不是在講公所那件事，但如果能讓這裡的人重視與丸長之間的連結，那就是美事一樁。話說回來，田內川老弟，活動真的辦得成嗎？」

「這個嘛，我只覺得如果能辦成，當然是舉辦比較好。」

「你說的沒錯，我覺得有這樣的想法就夠了。」

明明不是在聊什麼有趣的事，但光聽他們的對話就會讓人露出微笑。

我們在即將泡到頭昏腦脹時離開露天溫泉，天色開始變暗。抵達長野車站時可能會超過傍晚六點，但兩人看起來完全不在意時間，我不禁羨慕他們有這樣的體力。

送他們去車站的路上，坂口先生委託我寫一段六十週年宴會賀詞。絕大多數會員都不認識我，甚至會想「町中華探險隊？這是什麼團體？」吧。若是昨天以前我會拒絕，但我們已經是坦誠相見的夥伴了。雖然我們的立場分別是町中華業界人士，以及追尋町中華的人，但心境上已經是朋友。朋友的喜事怎麼能不幫忙呢？

兩人下車後，消失在長野車站內。他們雙手提滿行李，白菜從塑膠袋裡探出頭來。我問他們：「我幫你們保管吧？」兩人都搖頭說：「我們要帶回東京去。」

試吃復刻味噌拉麵！

新年剛過不久，我就接到田內川先生聯絡，他請我去試吃味噌拉麵。田內川先生從長野回來後，就反覆嘗試味噌的比例與提味祕方，現在終於讓口味穩定下來。

第一印象只有濃醇兩個字。味道厚重的湯頭在加入味噌之後更加升級，粗麵條沾滿湯汁。喜歡的人應該會忍不住一口接一口吧！山岸先生的味道也確實存在。年過花甲的我，吃到後半有點辛苦，但「大勝軒」就是男人的美食。而且既然是復刻的餐

試吃御茶水大勝軒復刻的味噌拉麵。

點，半吊子的口味可是會讓粉絲失望的。

「我想再研究一下，研究到滿意才加進菜單裡。請您盡量批評，不用客氣。」

我知道了。我只在意一個地方。拉麵的配料有玉米，但我不覺得山岸先生做味噌拉麵時會放。

「這點我也很猶豫。玉米能讓配色鮮豔，我才試著加進去的。唔……該怎麼辦呢？」

他就是這樣復刻出一道又一道的餐點吧？對田內川先生而言，難度最高的是哪一道呢？是蛋包飯之類的嗎？

「最難的是炸豬排丼。醬汁是難題……但總有一天，一定會復刻的。」

他一定會行動。到時候，我要趕來當第一個試吃的人。

山岸先生直到人生最後，都難以斬斷對町中華的掛念，而他將這份掛念託付給徒弟田內川先生，以及跟徒弟認真地比試，這比任何故事都還要讓我熱血沸騰。

【町中華小知識】

留下來的町中華有什麼經營的祕訣？

町中華逐漸衰退的主要原因有好幾項，包括為了製作多樣菜色，容易造成食材損失、被連鎖店壓制等，但追根究柢，都能歸結到老闆年事漸高與繼承人不足。收起來的店與其說是經營不下去，不如說幾乎都是老闆搞壞身體、感受到體力極限，而只能與這家店的歷史揮別。反過來說，就算菜色數量多、站前黃金地段被連鎖店搶走，對町中華而言都不是什麼大問題，不會因為這樣就倒閉。

所以，町中華即使數量緩緩減少，也不會一口氣消失。深入思考其原因，我們就能看見活用個人經營優勢的町中華生存法則。

現存的店全部都是勝利組

提到町中華，想必很多人的腦中都會浮現老舊樸拙的過時外觀。但昭和時代創業的店能夠保留到現在，都是在競爭中勝出者，首先還請確實認知到這點。對顧客來說，町中華是平常吃飯的地方，評價標準不限於味道如何。地點方便、快速便宜、分量充足、菜色豐富、環境舒適、漫畫齊全、老闆親切……只要滿足其中幾項條件，當地居民與在附近工作的人就會反覆光顧。町中華以服務常客為主，不仰賴過路客也能經營下去。

味道不過度美味

餐飲店最重要的是餐點味道，但這個常識也不適用於町中華。味道當然重要，但太美味可不行。町中華調味清淡高雅且菜色營養豐富，就一點魅力也沒有了，這種店並未完全掌握顧客的需求。關鍵在於讓人上癮的調味，讓你吃起來還算滿意而已，卻不知為何每週都想吃一次的店，才是最厲害的。你的愛店是否也是這樣？

不會背叛常客

町中華的顧客都熱愛慣性。除非搬家或調職，幾十年來都只去固定的愛店。很多人中午點定食或套餐，晚上當成「中華居酒屋」來喝一杯。有些老闆看起來沉默寡言，但也有不少老闆既爽朗又愛聊天。開在小地方的町中華，週末午後甚至會變成小小的社交空間。這些常客懂禮數，會適量點些餐點，也會帶朋友前來，因此讓餐館經營相當穩定。這時可不能忘記，老闆娘扮演了一手承接女性顧客、夫妻或家庭客層的角色。町中華門口少不了盆栽植物，其中一部分就是常客搬家時，覺得老闆娘應該能幫忙照顧而拿來的。

沒有租金與人事費

在町中華全盛期，來自外面的點單很多，甚至號稱「只靠外賣就足以溫飽」。生意興隆的店家會僱用許多員工，甚至還有專送外賣的人員。現在雖然外賣需求銳減，但存活下來的店因應這種變化，切換成家庭經營模式以節省經費。現在也有不少町中華是在自有店面做生意，不需要再被貸款追著跑。老闆的年齡甚至足以領年金。即使如此，他依然繼續揮舞炒鍋，因為這家店已經成為他們生活的意義。他們醒著的時間大半都在店裡廚房度過，廚房已經成為「自己的棲身之所」。

不需要排隊

社區型的町中華已經培養了一批顧客，沒有想要出名的願望，所以完全不花任何宣傳費，只要當地人願意支持就夠了。他們的思維與多數現在流行的店家相反，即使偶爾接受採訪，也希望立刻回歸平淡日常，因為如果出了名，會有更多顧客特地從別的地方來吃，最重視的常客就很難走進來。町中華最害怕的就是常客離開，排隊什麼的只會造成妨礙。這正是捨名取實的精神。徹底實踐這點的店家，就能在當地存活下來。

尾聲

二〇一九年三月二十日晚上，丸長暖簾會六十週年紀念大會在中野太陽廣場飯店熱鬧舉行。會場裡聚集了那些老闆和他們的家人、往來的業者、丸長暖簾會與丸長之友會的成員等，有一百二十人以上。我與下關鮪魚也以「粉絲代表」的身分受邀參加。

一九四七年（昭和二十二年）戰爭剛結束，五名共同經營者在東京荻窪開設了中華丸長，後來經營者分家，各自開了丸信、榮樂、大勝軒、榮龍軒。各店也開設了分店與分號，店鋪數量逐漸增加，在這種情況下，整個集團為了維持丸長原本的口味，在一九五九年創辦了丸長暖簾會。

一九五九年是我在福岡縣出生的隔年。換句話說，丸長暖簾會在我蹣跚學步的時候就成立了，真的是好長一段時間。我十二歲離開九州，在兵庫縣生活了三年，高中讀到一半來到東京。大學畢業後成為自由工作者，後來儘管在鬼使神差之下成了作家，卻不知該如何才能寫出好文章，每天掙扎度日。到了三十多歲才好不容易能自力更生，以撰寫雜誌的連載專欄與書籍為主。三十五歲結婚，四十六歲成為父親，現在離開東京，將生活據點移到信州的松本。

在這一切發生的期間內，丸長暖簾會都持續存在，早期也舉辦了慰勞旅行與棒球大賽等。即使後來因為店家在各地開枝散葉，過去的團結力逐漸薄弱，丸長暖簾會依然每年召開一次總會，努力維持經營（這天也在宴會之前舉行總會）。雖然不應該拿丸長暖簾會與我漂泊不定的人生比較，但這確實是不容易。

坂口光男會長在會場入口與來賓打招呼，他發現了我們，過來跟我們握手。他的手勁很大，握起來很痛。這是長期甩中華炒鍋的人，在第一線鍛鍊出來的握力。

往會場裡面走，下北澤丸長的深井正昭身穿西裝坐在那裡。

「平常我根本不可能穿西裝，今天是為了慶祝才穿的。」

我環顧現場，幾乎所有人都穿深色西裝，衣著休閒的人屈指可數。雖然和習慣穿西裝的往來業者不同，大家穿起西裝都不太自在，但這也無所謂。

＊

今天來參加紀念大會的約有三十家店，店名大多是丸長與大勝軒，但也有丸信與榮

紀念大會最後拍的紀念照。許多人穿西裝的，是基於「暖簾會成員必須看起來像紳士」的傳統。

龍軒，在名古屋經營五家分店的丸和也趕了過來。就連資深的深井先生也有很多人都不認識，由此可見，不僅能感受到暖簾會規模有多龐大，也同時展現出坂口會長想藉六十週年的契機，再次強化暖簾會連結的願望。

宴會採用自助百匯形式，因此場內人來人往，但沒有人像一般宴會常看到的那樣積極交換名片，或是只顧著到處打招呼。吸引目光的都是彼此因為久別重逢而喜出望外的老闆，以及他們將同行的妻子介紹給「夥伴」的身影。

雖然丸長暖簾會是以荻窪丸長總店為頂點的組織，但不是集團企業，他們彼此靠「分號」這個獨特的規則與人際關係團

田內川先生調配的七味粉。
沾麵專用，也加入了胡椒。

結在一起。因此即使時代改變，暖簾會具備的大家庭氣氛也不會動搖。

暖簾會成立的目的，除了促進會員間的感情以及提升經濟地位之外，還包括從事合作事業。關於後者，暖簾會也在這天發表了劃時代的企劃。為了紀念六十週年，暖簾會將製作導覽手冊、架設網站、販賣與長野善光寺的七味粉店八幡屋礒五郎共同開發的沾麵專用七味粉，並研發獨家口味的筍乾與野澤酸菜等。

二〇一八年底，坂口會長與田內川先生一起來長野市的目的之一就是這個。而且筍乾與野澤酸菜，也將作為暖簾會的事業來實行。這已經不是「我們要團結一心，加油加油加油！」的精神喊話，也不局限於「在暖簾會加盟店販賣獨創七味粉」這麼狹隘的範圍，而可說是面對暖簾會未來的全新挑戰。

我察覺到另一點，七味粉與野澤酸菜都是長野信州口味，因此也可視為他們重新檢視自身源流，以這個口味挑戰顧客反應的行動。我想暖簾會走到這裡，之所以會加速面對自身源流，是因為他們開始真心認為這才是自己最強大的武器。

暖簾會已經從以聯誼與交流為主體的活動，轉變為本身具有品牌力的活動，這點值得矚目。我興奮地想，這麼一來，就愈來愈不能忽視暖簾會的動向了。我看著那些在台上致詞的老店老闆，目白丸長老闆一語道破暖簾會從事的活動所代表的意義：

「雖然個人經營的拉麵店也好吃，但大家一起製作的拉麵更美味。」

町中華暖簾會的各會員店不只菜單不同，價格與口味也各異。就使用同樣的店名做生意，所有事務的決定權也都交由各店老闆負責。即使如此，這些店的麵、湯、烹飪方法等，依然有難以言喻的共通點，這就成為傳達給顧客的「特色」。以丸長暖簾會來說，這個特色就是將日本蕎麥麵的技法融入中華料理，開發出「動物系」食材與「魚介系」食材熬煮湯頭的技術。丸長集團各店一路走來都繼承其獨特湯頭，嚴格選用食材，判斷顧客喜好變化進行改良，因此獲得顧客的長期支持。這些都是因為有暖簾會作為連結才做得到，我想目白丸長老闆想說的就是這點。

*

會場發的紀念小碗，太貴重了讓人捨不得用。

宴會即將結束時，我在會場隨意走動，結果遇到了熟面孔，原來是我們拜訪山之內町公所的負責人。山之內町與丸長頗有淵源，上次雖然只是閒聊，但也討論到了「趁這個機會一起做點什麼」，因此公所的人會出現在這裡也不難理解，但田內川真介也在他身旁，兩人笑容滿面。難道……

「我們已經談到一定要一起辦活動了。」

原來如此。我記得田內川先生那時說過「這不是該做的事嗎」，但聽說他也將在千葉縣的勝浦開新店，所以沒料到事情會發展得如此之快。

「我已經決定四月時去現場勘查，擬訂具體方案。這次也順便慰勞家人，所以也打算住在滑雪場的飯店。雖然這就變成家人去滑雪，我去工作了。杜呂先生，到時候你務必……」

我沒聽到最後就回答「我會去」，雖然連去了要做什麼都沒想。因為我根本不知道山之內町打算舉辦什麼樣的活動，也不知道田內川先生準備以暖簾會的身分參加，還是以個人身分參與，所以多想無益。

但我清楚知道一件事，如果不是在丸長暖簾會六十週年的節骨眼上，想必不會出現這項提議，田內川先生也不會興起著手實現的想法吧？公所的會議室是討論活動舉辦的開端，我雖然是外人，卻偶然得以置身這間會議室裡。說起來，這是町中華創造的緣分。既然如此，我就坦率順應這股浪潮吧！

暖簾會沉甸甸的會旗。

棒球大賽用的旗子也帶來會場，增添喜慶的氣氛。

學生時代常去的高圓寺「中華料理店・大陸」悄悄關店，我因而受到衝擊，於是開始我的町中華探險。我品嘗並訪問許多店家，也用自己的方式調查了町中華歷史。

而現在，我竟然與地方自治團體（山之內町）搭上線，他們考慮將地方振興活動與發源自當地的町中華相結合，將實行什麼樣的合作呢？集客力、當地人與觀光客的反應又會如何呢？

在那裡想必能夠發現「新大陸」的蹤影吧？

結語

町中華不就是一種明明近在身邊，卻充滿謎團的場所嗎？

對經常在町中華用餐的人而言，那裡是從年輕時就經常光顧、讓人留戀的地方，但多數人只會去住家或公司附近的愛店，因此看似熟悉，卻不清楚其全貌。另一方面，有些人已習慣連鎖店的低廉價格，接受這些店的均一服務，他們或許會覺得町中華的門檻莫名的高，不太敢走進去。

我想，以電視為首的媒體之所以喜歡報導町中華，是因為町中華除了擁有從昭和時代起經營的個人商店魅力，也有一種造訪「近在眼前的祕境」的興奮感。

儘管拉麵愛好者眾多，以去町中華吃飯為主要目的的人卻很少，因此前來尋求探險隊協助的人也不在少數。二〇一八年，朝日電視台CS頻道開設了「沒事逛逛町中華」節目，由我與下關鮪魚、自由主播鈴木貴子三人走訪全國店家。町中華探險隊是我與多年老友下關鮪魚半開玩笑下成立的組織，現在的規模竟然變得如此之大，我身為其中一名介紹者，既感到驚訝，也很開心戰後誕生的飲食文化能夠成為焦點。

但另一方面，我也擔心町中華是否會被當成古怪有趣的店介紹，或視為只是一時的消費熱潮呢？我是否能把現存的町中華經過什麼歷程，才成為現在這種形式給記錄下來呢……我懷抱這樣的想法，而撰寫了這本書。

＊

町中華誕生於戰後的混亂期，是日本特有的大眾中華料理店，既沒有完整的文獻，也不清楚正確的資料、菜單與食譜，讓我幾乎退縮，這時接受我訪問的那些老闆不遺餘力的協助，在背後推了我一把。他們在百忙當中犧牲午休時間，告訴我寶貴的故事、讓我看以前的照片，成為推動採訪前進的一大助力。我打從心底感謝他們。

＊

二〇一九年四月某日我完成了所有原稿，第一章介紹的珈琲大勝軒老闆娘渡邊千惠子女士打電話來。丸長暖簾會的坂口光男會長竟然在她身旁。坂口會長在六十週年宴會見到我時，請我務必將渡邊女士介紹給他，但他等不及拖拖拉拉的我，便獨自前去拜訪。

渡邊女士經營的大勝軒本店，雖然與丸長集團的大勝軒同名，卻是完全無關的店家。他們竟然能以這種形式搭上線，真是美事一樁。對我而言，相當於本書起點的餐館，與最後介紹的店產生聯繫，著實令人驚訝。就是這樣，我才無法放棄町中華探險。

*

町中華探險隊的夥伴，不只提供智慧與情報，平常也以強韌的腸胃給予協助。能夠獲得學生時代的偶像椎名誠先生撰寫推薦，也是我的榮幸。對集英社International的編輯河井好見先生，我跟他說得好像很快就能寫完，結果卻花了三年……謝謝你這麼有耐心地陪我完成本書。此外，我也很高興能委託裝幀設計師寄藤文平先生與鈴木千佳子女士協助日文版設計。我只會寫作，正因為所有參與製作者的幫忙，才能獻給讀者一本令人愛不釋手的書。感激不盡。

二〇一九年五月寫於松本

北尾杜呂

參考文獻

『にっぽんラーメン物語』小菅桂子（講談社＋α文庫　一九九八）
『ラーメンの語られざる歴史』ジョージ・ソルト著、野下祥子訳（国書刊行会　二〇一五）
『ラーメンと愛国』速水健朗（講談社現代新書　二〇一一）
『「アメリカ小麦戦略」と日本人の食生活』鈴木猛夫（藤原書店　二〇〇三）
『引揚者の戦後（叢書　戦争が生み出す社会Ⅱ）』島村恭則／編（新曜社　二〇一三）
『哈爾浜（はるぴん）の都市計画』越澤明（ちくま学芸文庫　二〇〇四）
『AJINOMOTOグローバル競争戦略』林廣茂（同文舘出版　二〇一二）
『味の素はもういらない』船瀬俊介（三一新書　一九八七）
『中華料理進化論』徐航明（イースト新書Q　二〇一八）
『東池袋大勝軒　心の味』山岸一雄（あさ出版　二〇一二）

『男おいどん1～6』松本零士（講談社漫画文庫　一九九六）
『町中華とはなんだ　昭和の味を食べに行こう』北尾トロ・下関マグロ・竜超（立東舎　二〇一六／角川文庫　二〇一八）
『町中華探検隊がゆく！』町中華探険隊（交通新聞社　二〇一九）

店家資訊

※本頁為2021年12月後的資訊

珈琲大勝軒（2020年2月已關店）

東京都中央區日本橋人形町2-22-4

電話：03-3668-8600

營業時間：11:00～15:00

公休日：週六、週日、假日

丸長中華麵店

東京都世田谷區代澤5-6-1

電話：03-3421-3100

營業時間：11:00～15:00　17:00～22:00（最後點餐時間為閉店半小時前）

公休日：週三／每月第三週的週三、週四

中華料理松阿里飯店

東京都府中市若松町1-1-1

電話：042-361-2578

營業時間：11:30～14:30　17:30～21:00（府中之森有活動時營業至21:30）

公休日：週三

丸幸

東京都杉並區西荻北3-4-1　日向公寓1樓

電話：03-3396-5310

營業時間：11:00～15:00　17:00～22:00

公休日：週五

御茶水大勝軒（原店面整修中，可改往BRANCHING）

東京都千代田區神田神保町3-10　寶榮大樓1樓

電話：03-5357-1064

營業時間：11:00～21:00

公休日：週一

本書根據集英社International網站連載內容大幅擴寫而成。

照片出處：

渡邊千惠子（15、19、20、25頁）

深井正朝（42、48、49頁）

中野良子（56頁）

田內川真介（212、213、215、219頁）

除上述之外，均由北尾杜呂與編輯部拍攝。

【Eureka文庫版】ME2102
歡迎光臨町中華：昭和時代最懷念的味道
夕陽に赤い町中華

作　　者❖北尾杜呂
譯　　者❖林詠純
封面設計❖橘籽設計
內頁排版❖張彩梅
總 編 輯❖郭寶秀
責任編輯❖力宏勳
行銷業務❖許芷瑀

發 行 人❖凃玉雲
出　　版❖馬可孛羅文化
10483台北市中山區民生東路二段141號5樓
電話：(886)2-25007696
發　　行❖英屬蓋曼群島商家庭傳媒股份有限公司城邦分公司
10483台北市中山區民生東路二段141號11樓
客服服務專線：(886)2-25007718；25007719
24小時傳真專線：(886)2-25001990；25001991
服務時間：週一至週五9:00～12:00；13:00～17:00
劃撥帳號：19863813　戶名：書虫股份有限公司
讀者服務信箱：service@readingclub.com.tw
香港發行所❖城邦（香港）出版集團有限公司
香港灣仔駱克道193號東超商業中心1樓
電話：(852)25086231　傳真：(852)25789337
E-mail：hkcite@biznetvigator.com
馬新發行所❖城邦（馬新）出版集團【Cite (M) Sdn. Bhd.(458372U)】
41, Jalan Radin Anum, Bandar Baru Seri Petaling,
57000 Kuala Lumpur, Malaysia
電話：(603)90578822　傳真：(603)90576622
E-mail：services@cite.com.my
輸出印刷❖中原造像股份有限公司
一版一刷❖2022年2月
定　　價❖340元

ISBN：978-986-0767-64-3（平裝）
ISBN：978-986-0767-62-9（EPUB）
城邦讀書花園
www.cite.com.tw

國家圖書館出版品預行編目（CIP）資料

歡迎光臨町中華：昭和時代最懷念的味道／北尾杜呂著；林詠純譯. -- 初版. -- 臺北市：馬可孛羅文化出版：英屬蓋曼群島商家庭傳媒股份有限公司城邦分公司發行, 2022.02
面；　公分 --（Eureka文庫版；ME2102）
譯自：夕陽に赤い町中華
ISBN 978-986-0767-64-3（平裝）

1.餐飲業　2.日本

483.8　　110021323